国家出版基金项目
NATIONAL PUBLICATION FOUNDATION

十四个集中连片特困区
中药材精准扶贫技术丛书

西 藏
中药材生产加工适宜技术

总主编　黄璐琦
主　编　兰小中

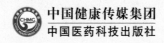

中国健康传媒集团
中国医药科技出版社

内容提要

本书为《十四个集中连片特困区中药材精准扶贫技术丛书》之一。分总论和各论两部分：总论介绍西藏中药资源概况、自然环境特点、肥料使用要求、病虫害防治方法、相关中药材产业发展政策；各论选取西藏优势和常种的 22 个中药材种植品种，每个品种重点阐述植物特征、资源分布、生长习性、栽培技术、采收加工、质量标准、仓储运输、药材规格等级、药用和食用价值等内容。本书供中药材研究、生产、种植人员及片区农户使用。

图书在版编目（CIP）数据

西藏中药材生产加工适宜技术 / 兰小中主编 . — 北京：中国医药科技出版社，2021.11

（十四个集中连片特困区中药材精准扶贫技术丛书 / 黄璐琦总主编）

ISBN 978-7-5214-2517-8

Ⅰ . ①西… Ⅱ . ①兰… Ⅲ . ①药用植物—栽培技术②中药加工 Ⅳ . ① S567 ② R282.4

中国版本图书馆 CIP 数据核字（2021）第 109508 号

审图号：GS（2021）2393 号

美术编辑　陈君杞

版式设计　锋尚设计

出版　**中国健康传媒集团** | 中国医药科技出版社

地址　北京市海淀区文慧园北路甲 22 号

邮编　100082

电话　发行：010-62227427　邮购：010-62236938

网址　www.cmstp.com

规格　710×1000mm　¹/₁₆

印张　15¹/₂

彩插　1

字数　302 千字

版次　2021 年 11 月第 1 版

印次　2021 年 11 月第 1 次印刷

印刷　北京盛通印刷股份有限公司

经销　全国各地新华书店

书号　ISBN 978-7-5214-2517-8

定价　68.00 元

获取新书信息、投稿、为图书纠错，请扫码联系我们。

编 委 会

总主编　黄璐琦

主　编　兰小中

副主编　廖志华　权　红　袁　芳
　　　　扎西次仁　古　力

编　者（以姓氏笔画为序）

扎西次仁（西藏自治区藏医院）

古　力　（福建农林大学）

兰小中　（西藏农牧学院）

权　红　（西藏农牧学院）

达瓦顿珠（西藏自治区藏医院）

刘　江　（西藏农牧学院）

池秀莲　（中国中医科学院中药资源中心）

李连强　（西藏农牧学院）

赵　翔　（西藏自治区藏医院）

赵芳玉　（西藏农牧学院）

姚　闽　（江西省药品检验检测研究院）

袁　芳　（西藏农牧学院）

索朗桑姆（西藏农牧学院）

唐晓琴　（西藏农牧学院）

程　蒙　（中国中医科学院中药资源中心）

焦有权　（北京农业职业学院）

禄亚洲　（西藏农牧学院）

蔡　皓　（西藏农牧学院）

廖志华　（西南大学）

序

　　"消除贫困、改善民生、实现共同富裕，是社会主义制度的本质要求。"改革开放以来，我国大力推进扶贫开发，特别是随着《国家八七扶贫攻坚计划（1994—2000年）》和《中国农村扶贫开发纲要（2001—2010年）》的实施，扶贫事业取得了巨大成就。2013年11月，习近平总书记到湖南湘西考察时首次作出"实事求是、因地制宜、分类指导、精准扶贫"的重要指示，并强调发展产业是实现脱贫的根本之策，要把培育产业作为稳定脱贫攻坚的根本出路。

　　全国十四个集中连片特困地区基本覆盖了我国绝大部分贫困地区和深度贫困群体，一般的经济增长无法有效带动这些地区的发展，常规的扶贫手段难以奏效，扶贫开发工作任务异常艰巨。中药材广植于我国贫困地区，中药材种植是我国农村贫困人口收入的重要来源之一。国家中医药管理局开展的中药材产业扶贫情况基线调查显示，国家级贫困县和十四个集中连片特困区涉及的县中有63%以上地区具有发展中药材产业的基础，因地制宜指导和规划中药材生产实践，有助于这些地区增收脱贫的实现。

　　为落实《中药材产业扶贫行动计划（2017—2020年）》，通过发展大宗、道地药材种植、生产，带动农业转型升级，建立相对完善的中药材产业精准扶贫新模式。我和我的团队以第四次全国中药资源普查试点工作为抓手，对十四个集中连片特困区的中药材栽培、县域有发展潜力的野生中药材、民间传统特色习用中药材等的现状开展深入调研，摸清各区中药材产业扶贫行动的条件和家底。同时从药用资源分布、栽培技术、特色适宜技术、药材质量等方面系统收集、整理了适宜贫困地区种植的中药材品种百余种，并以《中国农村扶贫开发纲要（2011—2020年）》明确指出的六盘山区、秦巴山区、武陵山区、乌蒙山区、滇桂黔石漠化区、滇西边境山区、大兴安岭南麓山区、燕山－太行山区、吕梁山区、大别山区、罗霄山区等连片特困地区和已明确实施特殊政策的西藏、四省藏区（除西藏自治区以外的四川、青海、甘肃和云南四省藏族与其他民族共同聚住的民族自治地方）、新疆南疆三地州十四个集中连片特困区为单位整理成册，形成《十四个集中连片特困区中药材精准扶贫技术丛书》（以下简称《丛书》）。《丛书》有幸被列为2019年度国家出版基金资助项目。

《丛书》按地区分册，共14本，每本书的内容分为总论和各论两个部分，总论系统介绍各片区的自然环境、中药资源现状、中药材种植品种的筛选、相关法律政策等内容。各论介绍各个中药材品种的生产加工适宜技术。这些品种的适宜技术来源于基层，经过实践验证、简单实用，有助于经济欠发达的偏远地区和生态脆弱地区开展精准扶贫和巩固脱贫攻坚成果。书稿完成后，我们又邀请农学专家、具有中药材栽培实践经验的专家组成审稿专家组，对书中涉及的中药材病虫害防治方法、农药化肥使用方法等内容进行审定。

"更喜岷山千里雪，三军过后尽开颜。"希望本书的出版对十四个集中连片特困区的农户在种植中药材的实践中有一些切实的参考价值，对我国巩固脱贫攻坚成果，推进乡村振兴贡献一份力量。

2021年6月

前　言

西藏自治区位于中华人民共和国西南边陲，青藏高原的西南部，平均海拔在4000米以上，素有"世界屋脊"之称，被称为除南极、北极以外的地球"第三极"。青藏高原地势由西北向东南倾斜，地形复杂多样、景象万千，有高峻逶迤的山脉、陡峭深切的沟峡以及冰川、裸石、戈壁等多种地貌类型；有分属寒带、温带、亚热带、热带种类繁多的奇花异草和珍稀野生动物，还有"一天见四季、十里不同天"的自然奇观等。西藏高原位于青藏高原的主体区域，地貌大致可分为喜马拉雅山区、藏南谷地、藏北高原和藏东高山峡谷区，由于地形、地貌和大气环流的影响，西藏的气候独特且复杂多样，总体上具有西北严寒干燥、东南温暖湿润的特点。

党中央、国务院高度重视藏医药的保护、传承与发展，自治区党委、政府更是把藏药产业作为特色优势产业培育发展，制定《西藏自治区医药工业发展规划（2017—2025年）》，为西藏自治区医药工业，特别是藏医药产业发展提供了有力支撑。为贯彻国务院《中医药发展战略规划纲要（2016—2030年）》精神和《西藏自治区人民政府关于进一步扶持和促进藏医药事业发展的意见》，为藏医药产业发展过程中的藏药农业产业发展提供技术支撑，解决西藏自治区藏药材资源利用高度依赖于野生资源的局面，使藏医药产业走上可持续、健康发展的道路，同时为从事中药材生产的药农、合作社、企业提供人工种植技术指导，按照"十四个集中连片特困区中药材精准扶贫技术丛书"的编写总体要求，编写了《西藏中药材生产加工适宜技术》。希望有助于巩固脱贫攻坚成果，推进乡村振兴战略的实施。

本书分为总论和各论。总论共六章内容，第一章介绍了西藏自治区自然环境；第二章介绍了西藏自治区中药资源特点；第三章介绍了西藏自治区化肥农药使用特点；第四章介绍了西藏自治区中药材病虫害防治；第五章介绍了西藏自治区主要药材品种市场变化分析；第六章介绍了与藏医药产业相关的政策法规。各论部分介绍了西藏中药材（含部分本地习用药材）人工种植技术。由于西藏的药材种植起步晚、发展慢，本书提供的人工栽培技术均来自高等院校与科研机构的科研成果，可作为西藏自治区中药材生产与研究相关人员及全国其他地区相关从业人员职业技术培训、科学研究的工具书或参考书。

本书的出版，是我们对西藏中药材生产、加工、推广、研究的一种尝试，限于作者水平，书中疏漏和错误之处在所难免，恳请广大读者批评指正。

编　者
2021年7月

目 录

总 论

各 论

总 论

一、基本概述

西藏自治区位于中国西南部，北部与新疆维吾尔自治区和青海交界，东隔金沙江与四川省相连，东南与云南省相接，南与缅甸、印度、尼泊尔、不丹等国接壤，国境线长3842千米，是中国西南边陲的重要门户。全区东西最长达2000千米，南北最宽约1000千米。面积122.84万平方公里，约占中国国土面积的1/8，仅次于新疆，为中国第二大省区。西藏作为青藏高原的主体，以海拔高、面积大、形成时代新为特点，素有"世界屋脊"之称。境内有世界第一高峰珠穆朗玛峰，世界上海拔最高的大河雅鲁藏布江，世界上海拔最高的大湖纳木错和世界环境污染最轻的城市拉萨。人口350余万，藏族人口占总人口的95%以上，另有汉、回、门巴、珞巴族等民族。人口密度平均2.5人/平方公里，是中国人口最少、密度最小的地区。截至目前，西藏自治区下辖6个地级市、1个地区，74个县（2013年7月，双湖特别行政区成立为双湖县）。

二、形成历史

在元古时期，青藏地区是一片汪洋大海。距今约8亿年，地球上曾经发生了一次强烈的地壳运动，使边缘海盆隆起为陆地，并使沉积在海底的岩层褶皱变质。到了距今2亿～6亿年前的古生代时期，青藏地区又沦为海洋。在整个古生代，这里曾经有过多次海侵，范围最大时，海水几乎漫及整个青藏地区。距今0.8亿～2亿年的中生代时期，是青藏地区地壳运动比较频繁和强烈的时代，也是海洋面积逐步缩小、陆地范围日益扩大的时代。在距今2亿年的三叠纪末，昆仑山以北地区几乎全部变为陆地，昆仑山以南依然被海水占据。随着地壳运动的发展，海水进一步向西南方向退去，陆地不断增生。到了中生代末的白垩纪，雅鲁藏布江以北的广大地区全部隆起为陆地，以南的喜马拉雅地区仍是一片汪洋。

直到距今约3000万年的始新世末期，在亚欧板块和印度洋板块的巨大碰撞下，爆发了一场强烈的地壳运动，这就是著名的"喜马拉雅运动"，这次运动隆起了世界上最年轻的高原——青藏高原，并使海水最终从西藏地区全部退出，从此结束了整个青藏地区为海洋的历史，完成了从海洋向陆地的过渡。西藏地区从北到南逐步海退成陆：北面的昆仑山地区最早，成陆于古生代晚叠纪末；中部的喀喇昆仑山–唐古拉山区和冈底斯山–念青唐古拉山区分别在中生代侏罗纪末和早白垩纪末成陆；南部的藏南谷地和喜马拉雅山区最晚，成陆于白垩纪末及新生代第三纪始新世中期。西藏地区海侵历史的终结，揭开了高原隆起的序幕，西藏高原的隆起，是近几百万年以来整个星球所发生的最重大的地质事件之一，它的隆起对于中国及整个亚洲的自然环境变化具有决定性的影响。

三、自然气候

西藏高原复杂多样的地形地貌，形成了独特的高原气候。除呈现西北严寒干燥，东南温暖湿润的总趋向外，还有多种多样的区域气候和明显的垂直气候带。"十里不同天""一天有四季"等谚语，即反映了这些特点。与中国大部分地区相比，西藏的空气稀薄，日照充足，气温较低，降水较少。西藏高原每立方米空气中含氧气为150～170克，相当于平原地区的62%～65.4%。西藏是中国太阳辐射能最多的地方，比同纬度的平原地区多三分之一或一倍，日照时数也是全国的高值中心，拉萨市的年平均日照时数达3021小时。西藏高原的气温偏低，年温差小，但昼夜温差大。拉萨、日喀则的年平均气温和最热月气温比相近纬度的重庆、武汉、上海低10～15℃。拉萨、昌都、日喀则等地的年温差为18～20℃，阿里地区海拔5000米以上的地方，8月白天气温为10℃以上，而夜间气温可降至0℃以下。西藏自治区各地降水分配不均，干季和雨季的分界非常明显，而且多夜雨。年降水量自东南低地的5000毫米，逐渐向西北递减到50毫米。每年10月至翌年4月，降水量仅占全年的10%～20%；自5月至9月，雨量非常集中，一般占全年降水量的90%左右。

四、植物资源

西藏是一个巨大的植物王国，有高等植物6400多种，藻类植物2376种，真菌878种。藏西吉隆、亚东、陈塘等地，藏东南墨脱、察隅和错那等地，构成中国少有的天然植物博物馆。自然条件比较特殊的藏北地区，也有100多种植物。西藏又是中国最大的林区之一，保持着原始森林的完整性。北半球从热带到寒带的主要树种在这里几乎都可以见到。西藏自治区有森林面积1492.65万公顷，森林覆盖率接近12.11%，活立木蓄积量22.73亿立方米，居全国首位。常见的树种有乔松、高山松、云南松、喜马拉雅云杉、喜马拉雅冷杉、急尖长苞冷杉、铁杉、大果红杉、西藏落叶松、西藏柏和圆柏等。其中，云杉、冷杉和铁杉组成的针叶林带分布最广，占西藏森林总面积的48%和总蓄积量的61%，主要分布于喜马拉雅山脉、念青唐古拉山脉和横断山脉的湿润亚高山地带。西藏有300余种植物被列为国家重点保护和《濒危野生动植物种国际贸易公约》（CITES）附录内，其中有西藏长叶松和西藏白皮松等特有树种。野生药用植物有2000余种，其中常用中草药400多种，比较著名的有红景天、雪莲、冬虫夏草、贝母、胡黄连、大黄、天麻、党参、秦艽、丹参和灵芝等。作为中国五大牧区之一，西藏有8207万公顷草原，其中可利用草地7077万公顷。西藏草场分为8个大类，16个亚类，38个主要草场型。高山草甸草场是西藏面积最大的草场，是区内草场中的一个主要类型。主要分布在那曲地区东部、昌都与拉萨地区北部、山南地区南部、日喀则地区北部和西部，阿里地区也有一定数量。约占西藏面积1/2的藏北草原是西藏的主要草原，面积约为60万平方公里，当地人称为"羌塘"。

五、动物资源

西藏是野生动物的乐园，有哺乳动物145种，鸟类492种，爬行类55种，两栖类45种，鱼类58种，昆虫4200余种。有41种濒危动物被列为国家重点保护和《濒危野生动植物种国际贸易公约》（CITES）附录内，还有84种被列为国家二级重点保护的野生动物，共125种，占国家重点保护野生动物的1/3以上。野生动物有长尾叶猴、熊猴、猕猴、野牛、红斑羚、金钱豹、小熊猫、马鹿、獐子、白唇鹿、野牦牛、藏羚羊、野驴、岩羊和雪豹等。在这些兽类中，藏羚羊、野牦牛、野驴和盘羊等系青藏高原特产珍稀动物，均属国家保护动物。白唇鹿为中国特有，也是世界珍稀动物之一。鸟类中的黑颈鹤、灰腹角雉等被列为国家一级保护动物。

六、土壤类型、面积与分布

西藏是青藏高原的主体，拥有众多的自然生态环境和复杂多样的成土母质及成土过程，因而形成各种土壤类型。既包括我国绝大部分山地森林土壤类型，也有我国乃至世界分布最集中、面积最大、类型最多的高山土壤类型。科学地对土壤进行分类，将有助于我们更好地认识自然，认识西藏土壤，科学地利用与改良土壤，更好地为农牧林业生产服务。

（一）自然土壤

自然土壤是指没有人类活动的干预，在漫长的历史长河中经过千百万年物理、化学、生物、气候因素的共同作用，逐步演变而来的各种类型土壤。根据西藏第一次土壤普查资料，西藏土壤分为高山土纲、半淋溶土纲、淋溶土纲、铁铝土纲、半水成土纲、水成土纲、盐碱土纲、人为十纲、初育土纲共9个土纲。各土纲又细分为28个土类，67个业类，362个土属，2236个土种。在不同的土类中，以高山草原土、高山草甸土、高山寒漠土、亚高山草甸土面积最大，依次为74 375.30万亩、28 095.38万亩、21 272.92万亩、14 198.03万亩。4个土类的面积共计137 941.63万亩，占全区总土壤类型面积（不含水域居民点）的79.87%。土类面积最小的是灌淤土和水稻土，分别只有1.3万亩和2.2万亩。

西藏土壤的分布，既有水平地带性的特点，又有垂直地带性的特点，而且两者紧密结合，形成高原土壤分布的特殊表现形式，现分别简述之。

1. 土壤的水平地带分布

西藏地域辽阔，横跨东经近20个经度，北纬10个纬度。土壤的水平分布既受经、纬度的影响，又受地势高度和距海远近的影响。从东南的察隅河谷到西部的阿里高原，降水由多到少，温度由高到低，气候带由湿润、半湿润向半干旱、干旱过渡，依次分布着砖红壤、黄壤、黄棕壤地带–褐土、棕壤地带–山地灌丛草原土地带–亚高山草甸土、亚高山草原土地带–高山草原土、高山草甸土地带–高山寒漠土地带。

喜马拉雅山南麓的察隅、墨脱、陈塘、樟木等地，基带土壤是黄壤、黄棕壤，建谱土类为棕壤、暗棕壤，高山上部出现亚高山草甸土。横断山脉地区及林芝大部分地区，河流切割剧烈，山高谷深，河谷海拔多在2500米以上，来自印度洋的暖湿气流开始减弱，其基带土类多为针阔叶混交林下发育的棕壤，建谱土类为暗棕壤，高山上部分布着亚高山草甸土、亚高山草原土、高山寒漠土。在昌都、丁青、边巴等县的高原山地内，因海拔升高，基带土壤则为暗棕壤，其上为亚高山草甸土或高山草甸土。在"三江"流域的谷地，气候干热形成褐土、灰褐土，构成特殊的基带土壤类型。阿里、那曲、日喀则西部的高原面上，气候极端干旱，已无森林分布，只有耐干旱的红柳林，土壤带谱结构简单，全部为高山土壤类型。

2. 土壤的垂直地带分布

随着海拔高度的变化，水热条件和土壤带谱也发生相应变化。藏东南河流深切，山地与河谷高低悬殊，土壤带谱类型多达5～8个。西北地区，处于高原面上，山地与河谷高差小，土壤带谱比较单纯，一般只有2～5个土壤类型。由于山地分别处于热带、亚热带、温带、寒带不同的气候带中，温度条件不同，湿润程度不同，土壤垂直带谱类型与结构也不同。根据这些差别，西藏可分为季风性（湿润、半湿润）与大陆性（半干旱、干旱）两类不同的土壤垂直带谱系统。其一，季风性带谱系统。主要分布在藏东南及喜马拉雅山南侧地区，它又细分为热带湿润、亚热带湿润、温带半湿润和亚寒带半湿润四种结构类型。在该系统中，森林土壤和高寒的草甸土类是垂直带谱的主要构成，特别是热带、亚热带湿润型带谱结构中，灰化暗棕壤分布较广，同时，亚高山林灌草甸土和亚高山灌丛草甸土的发育与分布都甚于高山草甸土，高山寒漠土分布高度也较低。这充分说明这类带谱所在的山地水热条件比较丰裕。其二，大陆性带谱系统。分布在西藏全境的绝大部分地区，以高寒草原土类和漠土类为主，没有森林土壤，高寒草甸土类的发育也受限制，而高山寒漠土的分布更广，上限也更高，充分反映了成土条件高寒干燥的特征。大陆性带谱系统又细分为：①温带半干旱型，分布在"一江两河"地区，河谷基带土壤为山地灌丛草原土，上接亚高山草原土、亚高山草甸土、高山草甸土、寒漠土等。②温带干旱型，分布在阿里南部山地，基带土壤为亚高山漠土，上接亚高山草原土、高山草原土及高山寒漠土。③亚寒带半干旱型，分布在藏北高原面上，基带土壤为高山草原土，除南部与东南部稍湿润的山地接高山草甸土外，大多数接高山寒漠土。④寒带干旱型，分布在西藏西北高原上，它以高山漠土为基带，上接高山荒漠草原土、高山寒漠土。

（二）耕地土壤

耕地土壤是土壤资源的精华，它是在自然土壤的基础上，经过长时期的人类耕作、灌溉、施肥等措施逐步演化而成的。由于各地气候、成土母质、成土条件、耕作方式、栽培历史等的不同，耕地的类型、质量、肥力状况差异很大。

1. 类型与面积

耕地土壤包括耕种高山草原土、耕种亚高山草原土、耕种亚高山草甸土、耕种山地灌丛草原土、耕种暗棕壤、耕种灰褐土、耕种棕壤、耕种褐土、耕种新积土、耕种黄棕壤、耕种黄壤、耕种黄红壤、耕种草甸土、潮土、水稻土、灌淤土共16个土类，总面积680.57万亩。

各类耕地土壤占宜农土壤的面积，以山地灌丛草原土比例为最大，占33.81%，其次是潮土、亚高山草原土、亚高山草甸土、褐土、灰褐土，分别占宜农土地面积的12.8%、12.38%、9.47%、8.0%、7.99%。水稻土、新积土、红壤、棕壤、灌淤土这5个土类耕种土壤较少，依次占宜农土地的比例为0.33%、0.32%、0.36%、0.25%、0.19%。

2. 耕地的分布

（1）区域分布　耕地主要分布在雅鲁藏布江、拉萨河、年楚河、尼洋河流域（简称"一江三河"）和金沙江、澜沧江、怒江河谷流域（简称"三江流域"），共有耕地478.2万亩，占全区耕地总面积的70.3%。拉萨、山南、日喀则宽谷地带以耕种亚高山草原土、耕种山地灌丛草原土和耕种草甸土为最多。东南部地区及喜马拉雅山南麓，耕地土壤以棕壤、黄棕壤为最多，部分发育在亚高山草甸土上。日喀则、山南、昌都、那曲等地区以耕种草甸土和耕种灌丛草原土为最多，河谷地区有相当数量的潮土。

耕种亚高山草原土是西藏耕地土壤的主要类型之一，主要分布在日喀则、山南中西部、阿里西南部地区。潜在肥力和有效肥力均居中等水平，耕层养分中上水平，全磷和速效钾较丰富，但区域差异大，一般日喀则地区低于山南地区，相差1～2个等级。质地多为砂质壤土，通透性良好，持水能力较差，易受干旱、风沙危害。

耕种山地灌丛草原土是耕地土壤的又一主要类型，拉萨、山南、日喀则地区均有较大面积，"一江两河"地区更为集中。耕作层养分含量低，区域差异明显，西部比东部低2～3个等级，机械组成类似亚高山草原土，易受风沙危害，但在耕地灌溉后耕作层熟化程度较高，保肥能力增强。

耕种亚高山草甸土主要分布在昌都地区北部、那曲东部、山南、日喀则的部分区域。潜在肥力上等，有效肥力偏低，是耕地土壤中保肥能力较强的类型之一，但土壤中砾石含量高，耕层中多达20%～40%。耕地海拔部位较高，热量条件较差，限制了种植业的发展。

潮土是草甸土长期耕作后形成的，全自治区河谷地区均有分布。土层厚，质地好，砾石少，土地利用率和熟化程度较高，但由于人们掠夺式的经营，对养地重视不够，致使土壤有机质和有效养分含量比较低，亟待采取人工措施予以补充。

耕种棕壤、黄棕壤、黄壤和淋溶褐土分布在日喀则、山南、林芝、昌都等地区的南部，其中耕种棕壤、黄棕壤多在林芝、日喀则地区。耕种黄壤林芝最多，耕种淋溶褐土林芝、山南最多。其共同特点是肥力较高，比草原类、草甸类土壤上发育的耕种土壤肥力高2～3个等级，有效肥力高1～2个等级，保肥性能也较好。土层较薄，机械组成中等，砾石含量较高，分布部位地形复杂，坡度大，雨水多，易引起严重的水土流失。对发展种植业有较大的限制。

水稻土、灌淤土、耕种棕壤、红壤是耕种土壤中面积最少的类型。水稻土集中分布在察隅、墨脱县。灌淤土分布在普兰县、札达县。棕壤、红壤分布在喜马拉雅山南麓湿润地区。

（2）垂直分布　耕种土壤的垂直分布规律与自然土壤相一致。在16类有耕种土壤发育的自然土壤中，森林土壤发育的耕种棕壤、黄棕壤、暗棕壤海拔较低，多在3700米以下；耕种亚高山草原土、山地灌丛草原土、褐土多在海拔3500～4000米；潮土、耕种草甸土则随河谷高度而变化，一般在2500～4000米；亚高山草甸土多在4000米；以上。耕地最高上限为4795米，下限为610米（实际控制线以内），最高与最低相差4185米。

（3）行政分布　耕地的行政分布，以日喀则市为最大，拥有耕地203.3万亩，占全自治区耕地面积的38.84%（净面积，下同）。其余依次是昌都107.7万亩，占20.53%；拉萨83.3万亩，占15.91%；山南80.5万亩，占15.399%；林芝36.4万亩，占6.95%；那曲地区9.03万亩，占1.72%；阿里地区耕地最少，仅有3.4万亩，占全自治区耕地面积的0.66%。全自治区63个县（市、区）有耕地分布，占74个县（市、区）总数的85.14%。受各种条件的限制，各县耕地面积差异很大，少者数千亩，多者可达数十万亩。耕地面积在1万亩以下的有7个县，占有耕地县数的11.11%，拥有耕地36 668.2亩，最少的改则县仅有5亩耕地。面积在1万～5万亩之间的有19个县，占30.16%，共有耕地646 942.2亩。5万～10万亩之间的有20个县，占31.75%，拥有耕地1 498 884.8亩。10万～15万亩之间的有7个县，占11.11%，拥有耕地832 800.6亩。15万～20万亩之间的有3个县，占4.76%，拥有耕地496 958.1亩。20万～25万亩之间的有5个县，占7.94%，拥有耕地1 075 631.9亩。大于25万亩的有江孜县和桑珠孜区，占3.17%，拥有耕地646 443.1亩，其中桑珠孜区375 303.1亩，在全区有耕地县中名列第一。

七、河谷农业

素有"西藏粮仓"之称的雅鲁藏布江中游干、支流河谷地带，位于喜马拉雅山脉与冈底斯山–念青唐古拉山脉之间，西起拉孜，东至桑日，东西长约500千米。

雅鲁藏布江干流拉孜至大竹卡、贡嘎至桑日等河谷段，以及拉萨河和年楚河中、下游河谷段，均是长100～200千米，宽3～10千米的宽谷平原，海拔较低，多在4000米以下，地势平坦，土地肥沃，引水灌溉便利，耕地密布，是西藏农业的精华所在。这一带气候温和，热量条件较好，年均温6～8℃，最高月均温15℃左右，最低月均温–2～4℃，无霜期在120～150天左右。光照充足，年均日照达3000小时左右，太阳辐射强，降水较少，一般在250～450毫米，且集中在6～9月间，占全年降水量的90%以上，雨热同季，光、温、水配合较好，对作物生长有利。

本区土地总面积虽然只占全藏的3.6%，但耕地面积却占全藏的45.6%，居住着占自治区40%以上的人口。本区人口比较稠密，人口密度比全藏平均数高8倍，每个劳动力平均负担耕地5.1亩，劳动力较充足。交通发达，基本上形成了以拉萨、日喀则为中心的公路运输网，各具的多数地区有公路相通。农业技术装备较好，机械化程度较高，机耕面积在30万亩以上，占耕地面积的1/3以上。区内有拉萨、日喀则和泽当等地的农业科研机构和农业试验场。兴修了大批水利工程，河谷地区的多数农田有较好的灌溉条件。如拉萨河两岸就有30多条引水渠道，并在主要支流上修建了小型水库、提灌站、防洪排涝和截潜流等工程设施。拉萨河下游各县和山南地区所属各县耕地的有效灌溉率在60%左右，其他各县的灌溉率也在30%左右。沿江、河两岸的耕地大多进行了平整和改良，部分耕地已初步实现了园田化。

参考文献

[1] 西藏百科全书总编辑委员会. 西藏百科全书[M]. 2009年修订版. 拉萨：西藏人民出版社，2009.

中药资源是指在一定地区或范围内分布的各种药用植物、动物和矿物及其蕴藏量的总和。广义的中药资源还包括人工栽培养殖的和利用生物技术繁殖的药用植物和动物及其产生的有效物质。我国幅员辽阔，地形复杂，气候多变，水源充沛，优越的自然条件孕育着丰富的中药资源。药用植物和药用动物为生物资源，属于再生性资源；药用矿物为非再生性资源。中药资源是一类特殊的资源，它具有地域性、可解体性、分散性、复杂性等特点。中药资源分类，一级分类为再生性中药资源和非再生性中药资源。二级分类为植物、动物、矿物类、化石类。根据《中国中药资源志要》记载，中国药用资源共计12 694种，其中药用植物383科2313属11 020种（含种下等级1208个），药用动物414科879属1590种，药用矿物84种。

西藏地域辽阔，面积为120余万平方公里，约占我国总面积的1/8，海拔由600米左右至8848米，有高耸入云的山脉、阡陌纵横的水系与星罗棋布的湖泊，蕴藏着丰富而特有的物种资源。仅高等植物就有6000余种，占全国高等植物的1/6，其中有1000余种具有珍贵药用价值的植物。

截至目前，西藏药用植物资源的数量尚不清楚，众说纷纭。公元13世纪，著名藏医药学家嘎玛·让钧多杰著有《药味学》，收载木类、草类、动物类药物830种，属于当时最为详尽的药物书籍。1835年，藏族名医帝玛尔·丹增彭措编著完成标志着藏药学兴旺发达的藏药学巨著《晶珠本草》，集藏药学之大成而流芳于后世，该书共收载药物2294种（植物药1006种，动物药448种，矿物药840种）。1971年，由西藏自治区革命委员会卫生局与西藏军区后勤部卫生处联合编写的《西藏常用中草药》，收载常用中草药424种，其中植物药408种。罗达尚等人经过20余年时间对高原绝大部分地区进行了实地调查，搜集资料并采集了大量标本与样品，经鉴定整理，计有藏药植物近3000种。其中菌类14科35属50种；地衣类4科4属6种；苔藓类5科5属5种；蕨类30科55属118种；裸子植物5科12属47种3变种；被子植物131科581属1895种141变种，其中菊科占首位。根据第四次全国中药资源普查在西藏的试点工作，调查了30个县，收集资源隶属163科，2843种。其中植物种类较多的科为菊科、蔷薇科、毛茛科、玄参科、豆科、唇形科、蓼科、百合科、十字花科、伞形科。

一、西藏药用植物资源特点

西藏地处青藏高原腹地，自然条件复杂，植物种类比较丰富，特别是西藏东部和东南部，是我国植物种类较多的地区之一，西藏的墨脱县更是享有"天然生物基因库"的美誉。西藏药材产区主要可划分为：藏东北药材区（主要包括昌都市）、藏东南及喜马拉雅山南麓药材区（主要包括林芝市及与山南市毗邻的区域）、雅鲁藏布江中游及藏南谷地药材区（主要包括拉萨、日喀则、山南等地）、羌塘高原药材区（主要包括那曲与阿里地区），其药用植物资源特点如下。

1. 西藏地形复杂，资源分布特点鲜明

西藏全境由于海拔落差大、雨量分布不均等因素，药用植物资源的分布有鲜明的特点。无论在西藏的东、南、西、北部，冬虫夏草均分布在海拔4500米以上的高寒草甸（荒漠化的干旱或半干旱区域基本无冬虫夏草分布）；藏北草原是濒危藏药材独一味的主要产区，如那曲、巴青、索县、比如等地；高海拔地区的藏药材种类主要有梭砂贝母、苞叶雪莲、肿柄雪莲、雪兔子、穗序大黄、大花红景天、乌奴龙胆、川贝母、高山大黄（塔黄）与尼泊尔黄堇等，这些药材的生境最低限都在4500米以上，大花红景天的分布范围甚至高达5400米左右。然而，像桃儿七、八角莲、翼首草、波棱瓜、甘青青兰、卷叶黄精与轮叶黄精等药用植物主要分布在西藏区的中低海拔；金线莲、石斛（金钗石斛、金耳石斛等）、白及、重楼等品种则主要分布在低海拔地区，如墨脱、察隅、林芝的大峡谷一带。

2. 生态环境脆弱，无序采挖易毁难复

西藏是我国重要的生态安全屏障，正是由于独特的地理位置和多变的气候条件，其生态环境十分脆弱。西藏的藏药企业与各大藏医院（也包括县级藏医院）的药材来源仍然以收购野生资源为主，对野生药用植物资源的依赖性高。2006年，西藏区出台了《西藏自治区冬虫夏草采集管理暂行办法》，旨在有效保护冬虫夏草资源，达到可持续利用的目的。其余品种尚无相应法律法规保护，但随着百姓野生资源保护意识的不断增强，野生资源的采挖受到一定限制。对于生长在海拔近5000米的大花红景天而言，由于生长环境恶劣、自

然更新困难，加之药材本身的生长周期较长，一旦野生资源遭到地毯式或毁灭性的无序采挖，必将导致该物种加速濒危，甚至灭绝。

3. 资源分布分散，开发利用难度较大

通过第四次全国中药资源普查发现，在西藏境内，如桃儿七、独一味、匙叶翼首花、轮叶黄精、卷叶黄精、手掌参、川贝母（包括梭砂贝母）、甘青青兰、川西小黄菊、甘松、鸡蛋参、羊齿天门冬与马尿泡等品种，尽管在多地都有分布，但多数是零星分布，不便于资源的开发利用。特别是像鸡蛋参（辐冠党参）这一类，似乎西藏很多林地或灌丛都能发现这个品种，但由于该品种多与灌丛半生，采挖极其困难，即便该品种的蕴藏量还比较可观，但基本无法有效利用其野生资源，市场基本是处于"有价无药"的窘境。

4. 传统意识较强，人工种植规模偏小

在成药生产过程中，由于具有较强的传统意识，人们总认为野生药材就比人工种植药材的质量要好，甚至觉得无可替代，加之在西藏开展药材种植成本高、风险大，部分品种种植难度大，多数企业并不愿意在此开展规模化的药材种植。据调查显示，西藏单品种上千亩规模的极少，多数是为了完成科研项目任务而开展的种植试验。由于小规模的人工种植远远不能满足藏药企业日益发展的需求，从而导致企业的部分品种停产，难以为继。

二、西藏药用植物资源主要分布区的特征

1. 山南市濒危藏药植物资源分布特征

调查结果表明，山南地区有珍稀濒危藏药植物49种，隶属25科43属，各科所含的种数差异较大，主要集中于罂粟科（5种）、菊科（5种）、毛茛科（4种）、龙胆科（4种）、百合科（3种）、唇形科（3种）和伞形科（3种），低于3种的科为18科，占总科数的72%，其中单种的为12科，占总科数的48%；风毛菊属、紫堇属、绿绒蒿属、龙胆属、大黄属和乌头属均含2个种，其他37个属均含1个种。

49种濒危藏药植物的生长型多样，暗红小檗（*Berberis agricola*）和粉枝莓是落叶灌木，多刺绿绒蒿（*Meconopsis horridula*）、角茴香（*Hypecoum erectum*）、露蕊乌头（*Aconitum gymnandrum*）、椭圆叶花锚（*Halenia elliptica*）、毛瓣绿绒蒿（*Meconopsis torquata*）和印度獐牙菜为一年生草本，鸡蛋参（*Codonopsis convolvulacea*）为多年生缠

绕草本，垫状点地梅（*Androsace tapete*）和金球黄堇（*Corydalis boweri*）为多年生垫状植物，西藏川木香（*Dolomiaea wardii*）为多年生莲座状植物，天仙子为二年生草本，冬虫夏草（*Cordyceps sinensis*）为麦角菌与蝙蝠蛾幼虫的复合体，而丛茎滇紫草（*Onosma waddellii*）为一年生或二年生草本、稀为多年生植物，其他均为多年生草本。按入药部位的差异将山南地区濒危藏药植物分为全草类、根茎类等6类。统计发现，全草类药用植物最多，为27种，占55.10%；其次是根茎类，为21种，占42.86%；叶类、花类、果实类和种子类均为3种，分别占6.12%。

该地区的49种濒危藏药植物中，国内外均分布种23种，占46.94%；中国特有种26种，占53.06%。其中西藏特有种10种，占20.41%。濒危藏药植物在山南地区各县分布不均匀，错那县、隆子县、加查县和曲松县的藏药植物种类均超过了一半，错那县达到了73.47%，措美县、桑日县和洛扎县的种类次之，但也超过了1/3，乃东县、浪卡子县、扎囊县、琼结县和贡嘎县的种类较少，最少的为贡嘎县，仅占16.33%。垂直范围分布也极不均匀，海拔3000米以下有分布的药用植物为19种，占38.78%；仅分布在海拔3000米以上的有30种，占61.22%，其中4000米以上才有分布的有11种，占20.41%。

按天然分布的特点，将山南地区濒危植物分为山坡、山谷、河滩、林地、林缘、灌丛、草地等13类生境类型，可以看出，有37种濒危藏药植物以山坡为生境，占75.51%，有33种生于草地或草甸，占67.35%，有55.10%的种类生长于灌丛中，42.86%的种类以砾石为生境，河滩、林地、山谷、林缘也是濒危藏药植物的重要生境，路边、沟边、湿地、岩石缝或岩石上相对较少，住宅区生长的种类仅1种，为天仙子。49种濒危藏药植物的所有生境类型数量中，山坡类型占18.59%，其次是草地（甸）和灌丛，分别为16.58%和13.57%，最少的仅为0.50%，是住宅区生境。同时调查中发现有许多濒危藏药植物适应性强、分布较广泛，如窄竹叶柴胡（*Bupleurum marginatum* var. *stenophyllum*）、桃儿七、椭圆叶花锚、工布乌头（*Aconitum kongboense*）等。也有些种类的分布范围小，只在一些局部地区才能见到，如三指雪兔子（*Saussurea tridactyla*）、乌奴龙胆（*Gentiana urnula*）、螃蟹甲、假耧斗菜（*Paraquilegia anemonoides*）等。

2. 拉萨市濒危藏药植物资源分布特征

经调查发现，拉萨市濒危藏药植物共有37种，隶属22科34属，科主要集中于百合科、唇形科、景天科、菊科、龙胆科、毛茛科、伞形科、玄参科和罂粟科，属主要集中于红景天属、紫堇属、绿绒蒿属、龙胆属、黄精属、乌头属等。在2000年确定的濒危藏药植物有21种，占总数的32.31%，其中Ⅰ级有8种，占Ⅰ级总数的32%；Ⅱ级有3种，占Ⅱ级总数的13.64%；Ⅲ级有10种，占Ⅲ级总数的55.56%；各濒危等级植物种数分别占总数的38.10%，14.29%，47.62%。在2005年确定的濒危藏药植物中有37种，占总数的49.33%，其中Ⅰ级有11种，占Ⅰ级总数的45.83%；Ⅱ级有12种，占Ⅱ级总数的54.55%；Ⅲ级有14种，占Ⅲ级总数的48.28%；各濒危等级植物种数分别占总数的29.73%，32.43%，37.84%。在2009年确定的濒危藏药植物中有23种，占总数的46.94%，其中Ⅰ级有9种，占Ⅰ级总数的45%；Ⅱ级有10种，占Ⅱ级总数的58.82%；Ⅲ级有4种，占Ⅲ级总数的33.33%；各濒危等级植物种数分别占总数的39.13%，43.48%，17.39%。

3. 林芝市濒危藏药植物资源分布特征

经调查确定林芝地区濒危藏药植物共35种，隶属23科33属。林芝市濒危藏药材植物种质资源是西藏高原濒危藏药材植物资源的一个缩影。35种濒危藏药材植物的生长型多样，暗红小檗和粉枝莓是落叶灌木，多刺绿绒蒿、卵萼花锚、印度獐牙菜和荞葖子为一年生草本，波棱瓜为一年生攀缘草本，鸡蛋参为多年生缠绕草本，垫状点地梅为多年生垫状植物，天仙子为二年生草本，冬虫夏草为麦角菌与蝙蝠蛾幼虫的复合体，其他均为多年生草本。

调查结果表明，林芝地区濒危藏药材资源储藏量较大（约为3199.29吨），但主要是暗红小檗和岩白菜，这两种藏药材植物资源量占总量的82.24%，其余20种藏药材植物仅占17.76%，羊齿天门冬资源量最小（约为0.505吨）、占总量的0.02%。从分布面积来看，岩白菜分布面积最大，其次是暗红小檗，最小的是波棱瓜。从单位面积上的生物量来看，暗红小檗最高，其次是岩白菜，最低的是肿柄雪莲。

调查分析发现，单位面积上药材生物量（产量）与海拔关系较密切。卷叶黄精产量与海拔的关系同单株平均生物量与海拔的关系极相似。总体上也是呈双峰型，在海拔3079米和3670米两地附近，全株产量相对较大，分别为26.433千克/公顷和27.174千克/公顷，在海拔2867米附近最小，仅为0.332千克/公顷。卵萼花锚产量与海拔的变化存在一定关系，总体上随海拔升高，产量降低，在海拔3338米附近地理位置降至最低，仅为0.676千克/公顷，而其后又随海拔升高而升高，这主要是由于生境发生的变化。窄竹叶柴胡产量随海拔升高，产量总体上呈现出增加的趋势，调查发现其主要生长于林缘、林窗或行道路边，比较耐干旱。婆婆纳的产量在海拔3383～4099米范围内较高，其主要与矮灌丛伴生较好。

林芝市下辖6县1区，各县的药用植物资源分布特点明显：①波密县主要分布有辐冠党参、长花滇紫草、天麻、灵芝、柴胡、桃儿七、西藏赤飑等；②察隅县主要分布有冬虫夏草、手掌参、川贝母、黄连（云连）、白及、卷叶黄精与桃儿七等；③工布江达县主要分布有羊齿天门冬、西南手参、独一味、翼首草、卷叶黄精、轮叶黄精、桃儿七、西藏赤飑、川西小黄菊与马尿泡等；④朗县主要分布有卷叶黄精、翼首草、高山大黄、心叶大黄、大花红景天、小果虎耳草、藏菱、马尿泡、甘青青兰、苞叶雪莲与喜马拉雅紫茉莉等；⑤米林县主要分布有羊齿天门冬、岩白菜、辐冠党参、手参、独一味、长花滇紫草、七叶一枝花、卷叶黄精、轮叶黄精、高山大黄、桃儿七、西藏赤飑、藏菱与大花红景天等；⑥墨脱县主要分布有铁破锣、栝楼、七叶一枝花、金钗石斛、杜鹃、枸橼、五味子、马兜铃、三脉黄精与檵藤等；⑦巴宜区主要分布有灵芝、大花红景天、翼首草、鸡蛋参、高山大黄、苞叶雪莲、秦艽、菟丝子、川续断、川贝母与枸杞等。

三、两种道地药材的资源分布

1. 西藏冬虫夏草资源分布

根据资料收集与野外考察，已确定西藏出产冬虫夏草的县（含县级城关区1个）有55个，占西藏总县数（74个）的74.3%；不能确定及推测可能有冬虫夏草的县有5个，除此外其他县确定不产冬虫夏草。具体情况：拉萨市1个城关区和所属7个县全部产冬虫夏草；山南市12个县全部产冬虫夏草；日喀则市18个县中11个县产冬虫夏草，2个县不能确定，2个县推测可能产，3个县确定不产；昌都市11个县全部产冬虫夏草；林芝市7个县全部产冬虫夏草；那曲地区11个县中6个县产冬虫夏草；阿里地区不产冬虫夏草，但其中有1个县不能确定。

有资料记载日喀则市江孜县、白朗县、谢通门县产冬虫夏草。通过查证资料与民间走访，该区域内产冬虫夏草的可能性较小。鉴于拉轨岗日山脉南北两侧可能产量极少，不值得采或是由于其他原因，实际上目前研究人员并不能确定其不产冬虫夏草。在谢通门县向多个乡询问后均表示不产冬虫夏草，仅是传说达那普乡有冬虫夏草，实地调查并未发现，即使该地产，数量也是极少的。在昂仁县、萨嘎县及仲巴县县城调查时，当地百姓均明确表示不产冬虫夏草，但不排除与尼泊尔相邻的几个边境乡会有少量冬虫夏草。与此类似，萨嘎县的边境乡或许也产极少量冬虫夏草。

阿里地区的普兰县是一个非常特殊的区域，夏季为热低压，冬季受高空西风环流控制，所以境内北部地区干旱，一年四季降雨稀少，不适合冬虫夏草的生长。但是，其南部地区处于西喜马拉雅山脉北侧峡谷区内，南部边缘区域明显受到翻越喜马拉雅山脉的比较微弱的暖湿气流的影响，却在高山上局部环境（地形因素）发育了典型的斑块状高山草甸植被。据当地边防部队介绍，丁松、强拉山口一线山上（即喜马拉雅山脉上）有冬虫夏草。

虽然西藏的冬虫夏草资源分布广泛，但在海拔较低的区域，如错那、察隅、波密等地，冬虫夏草品质相对较差。

2. 西藏大花红景天资源分布

红景天作为国家基本药物所需中药原料，列入国家重点支持品种目录，在道地产区的大花红景天处于高度濒危状态。野生资源主要分布于亚东的乃堆拉山、当雄与尼木的雪古拉山、林周的恰拉山、墨竹工卡与工布江达的米拉山、加查的拉姆拉措、朗县的坡章拉山、嘉黎的亚拉山、林芝的色季拉山、芒康与左贡的东达山等地，其中，位于藏东南的大花红景天分布区是目前野生资源的集中分布区，也是核心分布区。多数处于旅游区周边、交通便利、海拔较低而便于采挖的分布区，因过度采挖已濒临灭绝或基本灭绝。

参考文献

[1] 罗天诰. 中药资源的特点及分类系统的探讨[J]. 云南中医学院学报，1988（4）：40–42.

[2] 中国药材公司. 中国中药资源志要[M]. 北京：科学出版社，1994.

[3] 青海省藏医药研究所，青海省药品检验所. 中国藏药：第一卷[M]. 上海：上海科学技术出版社，1990.

[4] 李晖. 西藏冬虫夏草资源[M]. 昆明：云南科技出版社，2012.

西藏高原地区地形复杂，土地辽阔，地势较高，各地区的雨量、气温差异极大。农作物的垂直分布自海拔1500米左右到4300米，病虫的种类和分布也复杂多样。应用农药防治农作物病虫害，具有使用简便、防效显著、见效快的特点，能迅速降低或抑制病虫害的流行，不仅能保证农作物高产、稳产，还能确保农产品质量。

一、西藏化肥和农药使用特点

1. 化肥使用特点

根据文献报道，西藏于1964年开始施用化肥，并从20世纪70年代开始将化肥逐步应用于大面积生产。1972～1980年，随着冬小麦推广面积的迅速扩大和优良品种的推广，化肥用量开始增加，粮食亩产得到提高。化肥的施用多集中在农户，以提高农作物产量。

2. 农药使用特点

施用农药是防病治虫的重要措施。多年来，因农作物播种面积逐年扩大、病虫害防治难度不断加大，农药使用量总体呈上升趋势。根据文献报道，西藏近10年来农药施用量变化不大，常用的农药品种有卫福、野麦畏、2,4-D-丁酯、地虫杀星、敌杀死等，多集中在农户使用。

化学农药的科学使用在西藏具有极其特殊和重要的地位。从保护生态环境的角度考虑，农药是用来控制农作物病虫草鼠害的一种特殊商品，在其调入、销售、运输和使用等环节上，西藏较其他地区更加注重严格执行国家《农药管理条例》《农药管理条例实施办法》等相关法规和规定。不断查找和探索农药使用中存在的问题，提出应对对策，对更有效地控制当地农作物有害生物为害、保障农业安全生产、保护生态环境及人民安全具有重要的现实意义和深远的生态意义。

二、化肥和农药使用要求

1. 化肥使用要求

施肥原则：稳氮、调磷、补钾，配合施用硼、钼、镁、硫、锌、钙等中微量元素。主要措施：推广秸秆还田技术，注重沼肥、畜禽粪便合理利用，恢复发展冬闲田绿肥种植；推广配方肥、增施有机肥，注重利用钙镁磷肥、石灰、硅钙等碱性调理剂改良酸化土壤，山地高效经济作物和园艺作物推广水肥一体化技术。

一是精，即是推进精准施肥。根据不同区域土壤条件、作物产量潜力和养分综合管理要求，合理制定各区域、作物单位面积施肥限量标准，减少盲目施肥行为。

二是调，即是调整化肥使用结构。优化氮、磷、钾配比，促进大量元素与中微量元素配合。适应现代农业发展需要，引导肥料产品优化升级，大力推广高效新型肥料。

三是改，即是改进施肥方式。大力推广测土配方施肥，提高农民科学施肥意识和技能，确保土壤及地下水源不受污染、农产品亚硝酸盐含量不超标。这对保护生态环境、减少化肥资源浪费、协调土壤肥力、调整产业结构、实现可持续发展具有重要意义。

四是替，即是以有机肥替代化肥。通过合理利用有机养分资源，用有机肥替代部分化肥，实现有机无机相结合，更好地保持和提高土壤肥力。增加有机肥用量，不仅可以促进农业增产，而且有助于提高化肥利用率，缓解化肥供求矛盾，提高产投比，降低农业生产成本，减少农业自身的面源污染。

2. 农药使用要求

西藏以畜牧业为主，种植业占比较小，病虫害发生种类较少，危害程度较轻。该区域重点推行以生物防治、生态调控为主的绿色防控措施。

一是控制病虫害的发生频率。应用农业防治、生物防治、物理防治等绿色防控技术，创建有利于作物生长、天敌保护而不利于病虫害发生的环境条件，提高病虫害防治效果，达到少用药的目的。

二是科学施药。在准确诊断病虫害并明确其抗药性水平的基础上，配方选药，对症用药，避免乱用药。根据病虫害监测预报，坚持达标防治，适期用药。按照农药使用说明要求的剂量和次数施药，避免盲目加大施用剂量、增加使用次数。

三是坚持生产与生态统筹。在保障粮食和农业生产稳定发展的同时，统筹考虑生态环境安全，减少农药面源污染，保护生物多样性，促进生态文明建设。

四是要遵守"农药安全使用标准"和"农药合理使用标准"。不将高毒、高残留农药用于农作物、瓜果、蔬菜和药材，防止人、畜中毒以及农药污染环境和农产品。

参考文献

[1] 赵贯锋，席永士，李芳，等. 西藏自治区测土配方施肥现状与展望[J]. 西藏科技，2018（8）：21–23.

[2] 侯亚红，达娃卓玛，陈国海. 西藏化肥使用现状及施用对策[J]. 西藏农业科技，2010，32（4）：43–46.

[3] 关卫星. 西藏化肥使用现状及施用对策[J]. 西藏农业科技，2007（3）：39–43.

[4] 安周加. 浅谈西藏农药安全使用中存在的问题及对策[J]. 中国植保导刊，2011，31（8）：49–50.

[5] 王翠玲，席永士. 西藏常用农药的种类、性质和使用[J]. 西藏农业科技，2002（1）：36–40.

[6] 韩志耘，王友东，李尚师. 西藏拉萨78例急性有机磷农药中毒的急救体会[J]. 中国实用医药，2006（3）：122.

[7] 阿梅. 西藏温室蔬菜农药安全使用措施[J]. 西藏科技，2004（9）：8–9.

[8] 臧建成. 西藏高原农药使用原理与方法[M]. 兰州：兰州大学出版社，2017.

[9] 中华人民共和国农业农村部. 到2020年化肥使用量零增长行动方案[Z]. 2015–03–18.

[10] 中华人民共和国农业农村部. 到2020年农药使用量零增长行动方案[Z]. 2015–03–18.

第四章 ◇ 西藏自治区中药材病虫害防治

第一节　中药材种植病虫害防治措施

中药材种植过程中，栽培技术复杂，加上水湿条件好，病虫害种类繁多，发生规律复杂，有时危害猖獗，严重影响药材的产量和质量。病虫害防治应贯彻"预防为主，综合防治"的植保方针，优先采用农业防治、物理防治、生物防治技术，禁用高毒、高残留农药，科学合理选用高效、低毒、低残留农药，把化学农药使用量控制到最低限度，将有害生物危害控制在经济阈值以下，使药材中的农药残留量低于国家规定的标准，达到生产安全、优质无公害的目的。预防为主是指充分利用自然界抑制病虫的因素，创造不利于病虫发生危害的条件。综合防治是指从农业生态系观念出发，协调利用各种必要的防治措施，实现经济安全有效。在种植过程中，无论什么阶段，都必须要执行综合防治这一策略。

一、植物检疫

（一）植物检疫的概念

植物检疫是以法律、行政和技术手段防止植物及其产品在流通过程中传播危险性有害生物、保障植物生产的安全、促进贸易发展的措施。它是植物病虫害防治的一个方面，其特点是从宏观整体上预防一切（尤其是本区域范围内没有的）有害生物的传入、定植与扩展。由于它具有法律强制性，在国际文献上也常称为"法规防治""行政措施防治"。

1. 性质

①通过立法手段制止危险性有害生物的传播、蔓延，它不同于一般的技术防治措

施，需要有国家授权的植物检疫机关执行，是高水平、标准的行政措施。

②是特殊的预防手段。"御疫病于国门之外"，带有强制性。

③需多部门、地区以至全社会的配合支持，否则难以取得检疫效果。

2. 特点

植物检疫的特点概括为：预防与铲除相结合，法规与技术相结合；国际与国内相结合，全局与局部相统一。集法规、行政和技术于一体，综合管理。

（二）植物检疫的法规

1. 国际性植物检疫机构和法规

国际性的植物检疫法大多包含在国际植物保护组织的有关规定中，有的包含在国际贸易的有关条款中，要求各国遵守。

国际植物保护公约IPPC（International Plant Protection Convention）——1951年订立，1952年4月生效。主要任务是加强国际植物保护合作，更有效地防治有害生物、防止危险性有害生物的传播、统一国际植物检疫证书格式、促进国际植物保护信息交流，是目前有关植物保护领域参加国家最多、影响最大的一个国际公约。目前已有99个国家成员。

动植物检疫和卫生措施协议SPS（Sanitary and Phytosanitary Measure）是国际关贸总协定中的一个重要组成部分，是独立于联合国之外的一个国际协议，总的指导原则是：保护缔约成员国的人、动植物的生命健康和卫生状况。各国的动植物检疫均应符合国际准则和标准，该协议对各国只有指导性的作用，不能干预各国政府在主权范围内所制定的动植物检疫法规。该协议是所有世贸组织都必须遵守的。

区域性保护组织及其规定在国际性植保公约秘书处和联合国粮农组织秘书处以下，有8个区域性植保组织，其中有3个是联合国粮农组织秘书处的直属机构：①亚洲和太平洋地区植物保护委员会APRPPC（Asian and Pacific Region Plant Protection Commission）——成立于1956年，总部设在泰国曼谷，中国是该组织成员（1990年加入），现有成员25个，负责处理亚太地区各国的植保问题。②加勒比海地区植物保护委员会CPPC（Caribbean Plant Protection Commission）——1967年成立，总部设在巴巴多斯，现有成员12个。③近东地区植物保护委员会NEPPC（Near-East Region P. P. C.）——1963年成立，总部在埃及开罗，有成员16个。

2. 全国性植物检疫法规

我国的动植物检疫工作起步较晚，最早的相关法规是1928年公布的——农产品检查条例。此后的相关法规如下。

1932年——商品检验法

1951年——输出输入植物病虫害检验暂行办法

1957年——植物检疫试行办法

1982年——进出口动植物检疫条例（国务院）

1983年——植物检疫条例（国务院）

1992年——中华人民共和国进出境动植物检疫法（八章五十条）

1997年——中华人民共和国进出境动植物检疫实施条例

2000年——中华人民共和国种子法

3. 地方性植物检疫法规

在国家统一颁布了植物检疫法规条例以后，各省（市，区）在考虑本地区农林业生产的特点以后，如有必要，可进一步制定地方性法规，通常称"实施办法"，作为全国性法规的补充。

（三）植物检疫的程序

1. 产地检疫

产地检疫就是植物检疫机构在检疫对象发生地对植物及其产品进行的检疫，是检疫人员对申请检疫单位或个人生产的种子、种苗及其他繁殖材料在原产地进行的检疫检验，调查是否有植物检疫对象和其他危险性有害生物，并实施必要的监管和除害处理，做出评定意见，决定是否签发《产地检疫合格证》的全过程。

2. 调运检疫

调运检疫是指植物及其产品在调出原产地之前、运输途中及到达新的种植或使用地点之后，根据国家和地方政府颁布的检疫法规，由植物检疫部门，对应施检疫的植物及其产品所采取的一系列检疫检验和除害处理措施。调运检疫是国内植物检疫的核心任务之一，是防止检疫对象人为传播的关键。交通运输和快递部门一律凭《植物检疫证书》承运或收寄植物及其产品，调入地检疫机构应当查验证书并可进行复检。省内地区、县之间调运种苗、植物及其产品时，是否进行检疫，由省、自治区、直辖市人民政府确定。按照植物及其产品调运的方向，可将其划分为调出检疫和调入检疫两部分。

3. 国外引种检疫

随着世界各国种质资源的交往与交换，各类品种培育所需的繁殖材料及新品种的引进，都同样具备携带检疫有害生物的条件。按照检疫法规定，凡是从国外引进和交换的植物种子、苗木、新品种和其他繁殖材料，必须事先得到植物检疫部门的许可，对可预测的检疫危险提出预防性检疫措施，并进行严格的检疫与检验。因此，引种前首先应报批，再由当地检疫机构对被引种国的检情进行调查，引种至海关后报关，由口岸检疫机构检疫，至目的地后由当地检疫机构进行检疫、隔离试种检疫及检疫监管。

（四）危险性有害生物的处理

1. 处理的原则

①必须符合检疫法规的有关规定，有充分的法规依据。

②处理措施应当是必须采取的，应设法使处理造成的损失减低到最小。

③处理方法必须完全有效，能彻底除虫灭菌。

④处理方法安全可靠，无中毒和污染。

⑤处理方法不降低植物和植物繁殖材料的存活能力和繁殖能力，不降低植物产品的品质、风味、营养价值。

2. 检疫处理的程序

检疫处理方法大体上有四种，即除害处理、退回、销毁和禁止出口。除害处理或无害化处理是主体。常用的是物理除害和化学除害。

（1）无害化处理　又称"避免措施"，是通过处理带有危险有害生物的检疫物，使有害生物在时间或空间上与其寄主或适当地区相隔离，避害处理方法有以下三种。

①限制卸货地点和时间。如热带、亚热带植物产品在北方口岸卸货、加工；北方特有的农作物产品调往南方进口加工。

②改变用途。如植物种子改为加工或食用。

③限制使用范围和加工方式。如进口粮食集中在少数城市加工，并采取合理加工方法，不使任何有害废弃物进入田间。种苗可在调运在有害生物非适生区使用。

（2）物理处理法　速冻与冰冷、风选、过筛、水漂洗、人工切除病部、低温（植检中以速冻为主）、高温（加热）、电磁波、射线等。

（3）化学处理法　常用熏蒸剂熏蒸。

二、农业技术防治

农业技术防治是利用植物栽培技术来防治病虫害的方法，即创造有利于药用植物生长发育而不利于病虫害危害的条件，促使药用植物生长健壮，增强其抵抗病虫害危害的能力，是病虫害综合治理的基础。农业技术防治的优点是：防治措施结合在育苗、种植、管理过程中完成，不需要额外增加劳动力，因此可以降低劳动力成本，增加经济效益。其缺点是：见效慢，不能在短时间内控制暴发性发生的病虫害。农业技术防治措施主要有以下几种：

1. 选用抗病、专用品种

选用抗病品种是防治病虫害最经济有效的办法。不同的品种对病虫害的抗性差异很大，根据不同的气候、重点防治对象，有针对性地引进良种。由于抗性品种的表现因地而异，应用时需对其抗性和丰产性能进行综合评价，因地制宜选用品种；同时掌握新品种的栽培特性，充分发挥其抗性和丰产的综合性能；并注意品种的抗性变化，一旦抗性丧失，要及时更新品种。

2. 应用"三新"技术培育无病虫壮苗

一是苗棚内应避免混栽，防止原有病虫侵染幼苗。二是更新传统育苗方法，应用育苗盘育苗，降低苗期病害的发生，提高秧苗素质。三是做好种子消毒，应根据不同品种、不同季节采用不同的种子消毒方式。温汤浸种有消毒、增加种皮透性和加速种子吸胀的作用，早春茄果类和瓜类育苗采用此方法较好。化学消毒指用0.2%的高锰酸钾水溶液浸种15分钟，捞出洗净，有杀灭病毒的效果。四是苗床消毒，在育苗床土上用敌克松或苗菌敌等消毒以防止立枯病的发生。五是加强苗期管理，注意增光、保温和通风降湿，及时间苗定位，保证幼苗齐、匀、壮。六是发现病虫，及时拔除病苗并进行处理。

3. 针对栽培特点，配套良好的耕作制度

定植前铲除田边杂草，在生长季节要结合整枝及时拔除病株，摘掉病叶；药材收获后，清理田间残株、败叶和杂草，并集中烧毁或深埋，不给病虫生活的寄主，这些都是防止病虫害传播的有效手段。但是，由于病原菌和昆虫在土壤中的残留与寄居，使得药材在连作条件下病虫害发生更加严重。因此，可根据不同病原菌和昆虫对寄主植物的选择性，通过建立良好的耕作制度有效控制病虫害，如在不同科、属作物之间进行轮作。同时利用作物之间的化学他感作用原理，进行间作和套作，对于药材的病虫害防治也会收到良好的效果。合理安排药用植物的布局，可改善药材的生态条件，减轻病虫害的发生。

4. 强根固本，增强药材机体抗性

根是作物之本，只有根生长健康，才能吸收更多更全面的营养，使植株生长强壮，整个植株机体抗性增强。要想根生长健康，必须创造适合药材根系生长发育的环境。一是消灭土壤病原菌和虫卵。大田土壤和苗床床土，常常会因病原菌和虫卵的残留而成为病虫害潜伏的场所，特别是对于土壤传播性病害更是如此。对土壤进行处理，杀死部分病原菌和虫卵是积极有效的防治方法。主要方法为深翻与晒土，可促进病残株、病原物（如菌核、卵蛹、落叶）在土下腐烂，并能使潜伏在病残体或土中的病虫原物加速死亡，减少田间病源和虫口基数。二是清沟沥水，降低地下水位。药材根系对水分要求较严，高的地下水位，不仅土壤湿度大，而且影响大棚湿度的控制，极易引发各种病害。三是深翻土壤，增施有机肥。土壤耕作层不能少于40厘米，否则不利于药材根系的生长；要增施有机肥，使植株生长快、长势强、病虫害少、产量高、不易早衰。需注意农家肥和有机肥必须腐熟进行无害化处理，严禁将病菌带入农田。

5. 加强田间管理

科学的田间管理能创造一种适合于作物生长发育且有效抑制病虫害发生的环境条件，是控制病虫害发生的重要措施。改善田内小气候，控制病害的发生与蔓延，如控制温度、湿度条件等。合理安排播种期，在不影响药材生长的前提下，调整播种期可以使药材的发病盛期与病虫原物侵染的高发期错开，达到避开病虫危害的目的。田间管理得当不仅可改善药材的生长状况，而且还能提高药材的抗病能力及受害后的补偿能力。推广深沟窄畦、高畦，雨停畦干，避免田间积水，可减轻病害发生。通过以上农业措施的应用，可以大大降低病虫害的发生率。

三、物理机械防治

利用简单的工具以及物理因素（如光、温度、热能、放射能等）来防治害虫的方法，称为物理机械防治。物理机械防治的措施简单实用，容易操作，见效快，可以作为害虫大发生时的一种应急措施，特别对于一些化学农药难以解决的害虫或发生范围小时，往往是一种有效的防治手段。

1. 人工捕杀

利用人力或简单器械，捕杀有群集性、假死性的害虫。例如，用竹竿打树枝振落金龟子，组织人工摘除袋蛾的越冬虫囊、摘除卵块，发动群众于清晨到苗圃捕捉地老虎以及利用简单器具钩杀天牛幼虫等，都是行之有效的措施。

2. 诱杀法

是指利用害虫的趋性设置诱虫器械或引诱物诱杀害虫，利用此法还可以预测害虫的发生动态。常见的诱杀方法有以下几种。

（1）灯光诱杀　利用害虫的趋光性，人为设置灯光来诱杀防治害虫。目前生产上所用的光源主要是黑光灯，此外，还有高压电网灭虫灯。黑光灯是一种能辐射出360纳米紫外线的低气压汞气灯，而大多数害虫的视觉神经对波长330～400纳米的紫外线特别敏感，具有较强的趋性，因而诱虫效果很好。利用黑光灯诱虫，除能消灭大量虫源外，还可以用于开展预测预报和科学实验，进行害虫种类、分布和虫口密度的调查，为防治工作提供科学依据。

安置黑光灯时应以安全、经济、简便为原则。黑光灯诱虫时间一般在5～9月份，灯要设置在空旷处，选择闷热、无风、无雨、无月光的夜晚开灯，诱集效果最好，一般以晚上9～10时诱虫最好。由于设灯时，易造成灯下或灯的附近虫口密度增加，因此，应注意及时消灭灯光周围的害虫。除黑光灯诱虫外，还可以利用昆虫对黄色的趋性，用黄色光板诱杀蚜虫及美洲斑潜蝇成虫等。

（2）毒饵诱杀　利用害虫的趋化性在其所嗜好的食物中（糖醋、麦麸等）掺入适当的毒剂，制成各种毒饵诱杀害虫。例如，蝼蛄、地老虎等地下害虫，可用麦麸、谷糠等作饵料，掺入适量敌百虫或其他药剂制成毒饵来诱杀。所用配方一般是饵料100份、毒剂1～2份、水适量。另外诱杀地老虎、梨小食心虫成虫时，通常以糖、酒、醋作饵料，以敌百虫作毒剂来诱杀。所用配方是糖6份、酒1份、醋2～3份、水10份，再加适量敌百虫。

（3）植物诱杀　或称作物诱杀，即利用害虫对某种植物有特殊嗜好的习性，种植该种植物后诱集捕杀的一种方法。例如，在苗圃周围种植蓖麻，使金龟子误食后麻醉，可以集中捕杀。

（4）潜所诱杀　利用某些害虫越冬潜伏或白天隐蔽的习性，人工设置类似环境诱杀害虫。注意诱集后一定要及时消灭。例如，有些害虫喜欢选择树皮缝、翘皮下等处越冬，可于害虫越冬前在树干上绑草把，引诱害虫前来越冬，将其集中消灭。

3. 阻隔法

人为设置各种障碍，切断病虫害的侵害途径，称为阻隔法。

（1）挖障碍沟　对于无迁飞能力只能靠爬行的害虫，为阻止其危害和转移，可在未受害植株周围挖沟；对于一些根部病害，也可以在受害植株周围挖沟，阻隔病原菌的蔓延，以达到防治病虫害传播蔓延的目的。

（2）覆盖薄膜　覆盖薄膜能增产，同时也能达到防病的目的。许多叶部病害的病原物是在病残体上越冬的，苗木栽培地早春覆膜可大幅度地减少叶病的发生。因为薄膜对病原物的传播起了机械阻隔作用，覆膜后土壤温度、湿度提高，加速病残体的腐烂，减少了侵染来源。

4. 其他物理防治法

利用热水浸种、烈日暴晒、红外线辐射，都可以杀死在种子、果实、木材中的病虫。

四、生物防治

用生物及其代谢产物来控制病虫的方法，称为生物防治。从保护生态环境和可持续发展的角度讲，生物防治是最好的防治方法，也是目前研究的热点。

生物防治法不仅可以改变生物种群的组成成分，而且能直接消灭大量的病虫；对人、畜、植物安全，不杀伤天敌，不污染环境，不会引起病虫害的再次猖獗，不易形成抗药性，对病虫害有长期的抑制作用；生物防治的自然资源丰富，易于开发，是综合防治的重要组成部分和主要发展方向。但是，生物防治的效果有时比较缓慢，人工繁殖技术较复杂，受自然条件限制较大。

1. 天敌昆虫的保护与利用

利用天敌昆虫来防治害虫，称为以虫治虫。天敌昆虫主要有两大类型：

捕食性天敌昆虫：捕食性天敌昆虫在自然界中抑制害虫的作用和效果十分明显。例如，松干蚧花蝽（*Elatophilus nipponenses*）对抑制松干蚧的危害起着重要的作用；紫额巴食蚜蝇（*Bacch pulchriforn* Austen）对抑制在南方各省区危害很重的白兰台湾蚜（*Formosa phismicheliae* T.）有一定的作用。据初步观察，每头食蚜蝇每天能捕食蚜虫107头。

寄生性天敌昆虫：主要包括寄生蜂和寄生蝇，可寄生于害虫的卵、幼虫、蛹内或体上。凡被寄生的卵、幼虫或蛹，均会因不能完成发育而死亡。有些寄生性昆虫在自然界的寄生率较高，对害虫起到很好的控制作用。

2. 生物农药的应用

生物农药作用方式特殊，防治对象比较专一且对人类和环境的潜在危害比化学农药要小，因此，特别适用于病虫害的防治。

（1）微生物农药　以菌治虫，就是利用害虫的病原微生物来防治害虫。可引起昆虫致病的病原微生物主要有细菌、真菌、病毒、立克次氏体、线虫等。目前生产上应用较多的是病原细菌、病原真菌和病原病毒三类。

利用病原微生物防治害虫，具有繁殖快、用量少、不受森林植物生长阶段的限制、持效期长等优点。近年来作用范围日益扩大，是目前森林害虫防治中最有推广应用价值的方法之一。

①病原细菌：目前用来控制害虫的细菌主要有苏云金杆菌（*Bacillusth uringiensis*）。苏云金杆菌是一类杆状的、含有伴孢晶体的细菌，伴孢晶体可通过释放伴孢毒素破坏虫体细胞组织，导致害虫死亡。苏云金杆菌对人、畜、植物、益虫、水生生物等无害，无残余毒性，有较好的稳定性，可与其他农药混用；对湿度要求不严格，在较高温度下发生率高，对鳞翅目幼虫有很好的防治效果。因此，成为目前应用最广的生物农药。

②病原真菌：能够引起昆虫致病的病原真菌很多，其中以白僵菌（*Beauveria bassiana*）最为普遍，防治鳞翅目昆虫幼虫取得了很好的防治效果，其次有绿僵菌。

大多数真菌可以在人工培养基上生长发育，便于大规模生产应用。但由于真菌孢子的萌发和菌丝生长发育对气候条件有比较严格的要求，因此昆虫真菌性病害的自然流行和人工应用常常受到外界条件的限制，应用时机得当才能收到较好的防治效果。

③病原病毒：利用病毒防治害虫，其主要优点是专化性强，在自然情况下，某种病

原病毒往往只寄生一种害虫，不存在污染与公害问题，在自然界中可长期保存，反复感染，有的还可遗传感染，从而造成害虫流行病。目前发现不少害虫，均能在自然界中感染病毒，对这些害虫的猖獗发生起到了抑制作用。各类病毒制剂也正在研究推广之中，如上海使用大袋蛾核型多角体病毒防治大袋蛾效果很好。

（2）生化农药　指那些经人工合成或从自然界的生物源中分离或派生出来的化合物，如昆虫信息素、昆虫生长调节剂等，主要来自于昆虫体内分泌的激素，包括昆虫的性外激素、昆虫的脱皮激素及保幼激素等内激素。在国外已有100多种昆虫激素商品用于害虫的预测预报及防治工作，我国已有近30种信息素用于蛾类昆虫的诱捕、迷向及引诱绝育等防治工作。

昆虫生长调节剂现在我国应用较广的有灭幼脲Ⅰ号、Ⅱ号、Ⅲ号等，对多种植物害虫如鳞翅目幼虫、鞘翅目叶甲类幼虫等具有很好的防治效果。

3. 其他动物的利用

我国有1100多种鸟类，其中捕食昆虫的约占半数，它们绝大多数以捕食害虫为主。目前以鸟治虫的主要措施是：保护鸟类，严禁在城市风景区、公园打鸟；人工招引以及人工驯化等。蜘蛛、捕食螨、两栖动物及其他动物，对害虫也有一定的控制作用。

4. 以菌治病的研究进展

一些真菌、细菌、放线菌等微生物，会在它的新陈代谢过程中分泌抗生素，杀死或抑制病原物。这是目前生物防治研究中的一个重要内容。如哈茨木霉能分泌抗生素，杀死、抑制茉莉白绢病病菌。又如菌根菌可分泌萜烯类等物质，对许多根部病害有拮抗作用。虽然有些生物防治已在生产中大面积推广，但多数还处在田间和实验室研究阶段。用放射形土壤杆菌K84（*Agrobacterium radiobacter* strain K84）防治细菌性根癌病（*A. tumefaciens*），是世界上有名的生物防治成功的事例，能防治12属植物中上千种植物的根癌病。用枯草杆菌（*Bacillus subtilis*）防治香石竹茎腐病（*Fusarium graminearum*，*F. avenaceum*等）也很成功。枯草杆菌还可以用来防治立枯丝核菌（*Rhizoctonia solani*）、齐整小菌核菌（*Sclerotinia rolfsii*）、腐霉属（*Pythium*）等病菌引起的病害。木霉属（*Trichoderma*）的真菌常用于病害的防治，如哈茨木霉（*T. harsianum*）用于白绢病（*Sclerotinia rolfsii*）和灰霉病（*Botrytis cinerea*）的防治，取得了良好的结果。绿色木霉（*T. viride*）制剂经常用来防治多种植物的根部病害。

五、化学防治

化学防治是指用农药来防治害虫、病害、杂草等有害生物的方法。化学防治是病虫害防治的应急措施，具有收效快、防治效果好、使用方法简单、受季节限制较小、适合于大面积使用等优点。但也有明显的缺点，化学防治的缺点概括起来可称为"三R问题"，即抗药性（Resistance）、再猖獗（Rampancy）及农药残留（Remnant）。由于长期对同一种害虫使用相同类型的农药，使得某些害虫产生不同程度的抗药性；由于用药不当杀死了害虫的天敌，从而造成害虫的再度猖獗危害；由于农药在环境中存在残留毒性，特别是毒性较大的农药，对环境易产生污染，破坏生态平衡。

化学药剂防治是一种辅助手段，采取农业技术措施能基本达到预防目的，能不用药时尽可能不用；必须用药时应选用不产生公害且有一定防治效果的生物农药，尽量减少使用化学合成的农药；为满足防治效果最佳而残毒最小的原则，制定用药的时间、浓度及方法规范并严格按其执行，最后一次施药距采收间隔天数不得少于规定的日期。

1. 药害

由于用药不当而造成农药对药用植物的毒害作用，称为药害。许多药材是较娇嫩的，用药不当时，极容易产生药害，用药时应当十分小心。

（1）药害表现　植物遭受药害后，常在叶、花、果等部位出现变色、畸形、枯萎焦灼等药害症状，严重者造成植株死亡。根据出现药害的速度，有急性药害和慢性药害之分。在施药后几小时，最多1～2天就会明显表现出药害症状的，称为急性药害；慢性药害则在施药后十几天、几十天，甚至几个月后才表现出来。

（2）药害产生的原因

①药剂因素：由于用药浓度过高或者农药的质量太差，常会引起药害的发生。

②植物因素：处于开花期、幼苗期的植物，容易遭受药害。

③气候因素：一般在高温、潮湿等恶劣的天气条件下用药，容易产生药害。

（3）如何防止药害的产生

①药剂因素：严格按照农药的《使用说明书》用药，控制用药浓度，不得任意加大使用浓度，不得随意混合使用农药。

②植物因素：防治处于开花期、幼苗期的植物，应适当降低使用浓度；在杏、梅、樱花等蔷薇科植物上使用敌敌畏和乐果时，要适当降低使用浓度。

③气候因素：应选择在早上露水干后及11点前，或下午3点后用药，避免在中午前后

高温或潮湿的恶劣天气下用药，以免产生药害。

2. 农药的合理使用

（1）正确选用农药　在了解农药的性能、防治对象及掌握害虫发生规律的基础上，正确选用农药的品种、浓度和用药量，避免盲目用药。一般选用高效、低毒、低残留的药剂。

（2）选择用药时机　用药时必须选择最有利的防治时机，既可以有效地防治害虫，又不杀伤害虫的天敌。例如，大多数食叶害虫初孵幼虫有群居危害的习性，而且此时的幼虫体壁薄，抗药力较弱，故防治效果较好；蛀干、蛀茎类害虫在蛀入后一般防治较困难，所以应在蛀入前用药；有些蚜虫在危害后期有卷叶的习性，对这类蚜虫应在卷叶前用药，以提高防治效果；而对具有世代重叠的害虫来说，则选择在高峰期进行防治。

无论是防治哪一种害虫，在用药前都应当首先调查天敌的情况。如果天敌的种群数量较大，足以控制害虫（如益/害≥1/5），就不必进行药剂防治；如果天敌的发育期大多正处于幼龄期，应当考虑适当推迟用药时间。

（3）交替使用农药　在同一地区长期使用一种农药防治某一害虫，会导致药效明显下降，即该虫种对这种农药产生了抗药性。为了避免害虫产生抗药性，应当交替使用农药。

交替用药的原则是：在不同的年份（或季节），交替使用不同类型的农药。但不是每次都换药，频繁换药的结果，往往是加快害虫抗药性的产生。

（4）混合使用农药　正确混合使用农药不仅可以提高药效，而且还可以延缓害虫抗药性的产生，同时防治多种害虫；反之，不仅会降低药效，还会加速害虫抗药性的产生。

正确混合使用农药的原则是：可以将不同类型的农药混合使用，如将有机磷类的敌敌畏与拟除菊酯类的溴氰菊酯混合使用或将杀菌剂多菌灵与杀虫剂敌百虫混合使用。不能将属于同一类型农药中的不同品种混合使用，以免导致交互抗性的产生，如将有机磷类的敌敌畏与甲胺磷混合使用或将有机氮类的巴丹和杀虫双混合使用都是不正确的。严禁将易产生化学反应的农药混合使用。大多数的农药属于酸性物质，在碱性条件下会分解失效，因此一般不能与碱性化学物质混合使用，否则会降低药效。

3. 禁用农药情况

《中华人民共和国食品安全法》第四十九条规定：禁止将剧毒、高毒农药用于蔬菜、瓜果、茶叶和中草药材等国家规定的农作物；第一百二十三条规定：违法使用剧毒、高毒农药的，除依照有关法律、法规规定给予处罚外，可以由公安机关依照规定给予拘留。

我国的农药禁用情况详见附录《禁限用农药名录》。

六、综合治理

1. 病虫害综合治理的含义

植物病虫害的防治方法很多，各种方法均有其优点和局限性，单靠其中一种措施往往不能达到目的，有的还会引起不良反应。联合国粮农组织有害生物综合治理专家组对综合治理（简称IPM）下了如下定义：病虫害综合治理是一种方案和策略，它能控制病虫的发生，避免相互矛盾，尽量发挥有机的调和作用，保持经济允许水平之下的防治体系。有害生物综合治理是对病虫害进行科学管理的体系。它从生态系统的总体出发，根据病虫和环境之间的相互关系，充分发挥自然控制因素的作用，因地制宜、协调应用必要的措施，将病虫害的危害控制在经济损失水平之下，以获得最佳的经济效益、生态效益和社会效益，达到"经济、安全、简便、有效"的准则。

2. 综合治理的原则

生态原则；控制原则；综合原则；客观原则；效益原则。

3. 全面推行以无公害防治为主的技术体系

以栽培、抚育管理为主的农业技术措施；以生物防治为主的调控措施；以物理机械防治为主的辅助措施；以化学防治为主的应急措施。

七、药材种子处理新技术

药用植物种子播种前进行简易播前处理，可以提高种子的品质，防治病虫害，提高发芽率、发芽势。处理种子的方法除了选种、晒种、消毒、浸种、擦伤处理、沙藏层积处理、拌种等常用的方法外，还有以下新方法。

1. 药种磁场处理

就是以强磁场短期作用于药材种子，以激发种子酶的活性，打破种子休眠，从而提高种子的发芽率。经过处理的种子，抗逆性强，结果以后其挥发油、多糖等有效成分含量大幅度提高，且可使药材增产20%左右。药农只要投资几十元购买GY-1型家用磁场处理种子机，将种子放入其中，几分钟后取出即可催芽播种。

2. 蒸汽处理

国内外利用蒸汽处理黄连、红花、三七等药材种子，获得较好的效果。利用温度为70℃的蒸汽处理地黄、玄参、党参等种子1～5天，可以减少真菌性病菌侵染引起的病害。采用蒸汽处理药材种子，一定要保持比较稳定的温度和一定的湿度，防止种子过干或过湿，且要勤检查，经常翻动，使种子受热均匀，促进气体交换。

3. 超声波处理

超声波是频率高达2万赫兹以上的声波，用它对种子进行短暂处理（15秒至5分钟），具有促进发芽、加速幼苗生长、提早成熟和增产等作用。

4. 催芽剂处理

中国科学院北京植物园研制出的种子催芽剂，主要成分是植物生长促进剂、营养元素、渗透调节剂及抗寒剂等。用催芽剂处理，可打破药材种子休眠，增强种子活力，加速发芽和促进幼苗健壮生长，尤其对隔年陈种子催芽效果更明显。

5. 植物基因表达诱导剂处理

植物基因表达诱导剂（那氏778）系我国生态农业的无公害植物细胞激活剂。药材种子用该诱导剂浸种，或植株喷灌施用后，能集聚植物界抗冻、抗旱、耐水、耐寒、抗光、抗氧化基因于一体，使植株根深矮化、抗病抗寒、耐虫避虫、抗倒伏。

6. 强的纳米863生物助长器处理

用强的纳米863对药材浸种，浇水、施肥，能增产20%～50%。使用方法：将强的纳米863放入桶内，倒入药材种子，加入事先经强的纳米863处理好的水淹没，浸泡1小时以上。不宜用水浸泡的种子，在播种之前，用强的纳米863有孔的那一面朝上放入容器内，把种子直接放在强的纳米863上面，用塑料薄膜盖好，处理一个晚上，就可以播种了。

7. 种子包衣

就是在药材种子外面包裹一层"外衣"（种衣剂）。播种后吸水膨胀，种衣剂内有效成分迅速被药材种子吸收，可对药种消毒并防治苗期病、虫、鸟、鼠害，提高出苗率。

8. 糖液浸选增产法

用糖液浸选药材种子，可增产20%～30%。按水∶红糖=5∶1的比例（重量比）配制糖液。配制时，将水加热到40℃，倒入红糖拌匀，使糖全部溶化。然后把配制好的糖液盛在盆里（勿用钢铁器皿），盆上做一个白纱布底的箩圈，使纱布浮在水面上。把种子摊在纱布上，种子一面浸在糖液里，另一面露在外面。再以温水浸过的布片把盆盖起来，放在温暖处催芽，温度保持18～25℃。每天翻拌2～3次。

| 第二节 | 常见中药材病虫害及其防治 |

一、病害及其防治

药用植物在种植和生长过程中，常遭受不良环境（如水分过多或过少、温度过高或过低以及缺乏某种营养元素等）的影响，造成药用植物病害。因这类病害不具传染性，故称为非侵染性病害。而由真菌、细菌、病毒、放线菌、线虫等病原微生物侵染引起的病害，因具有传染性，故称为侵染性病害。在药用植物的病害中，绝大多数为侵染性病害，其中由真菌侵染引起的病害约占80%以上。

药用植物的每一个器官和组织，在生长发育过程中都有可能被病原物侵染，或受不良环境条件的影响而"生病"，有时一种药用植物能生几种病。

现将药用植物常见病害及其防治方法分述如下。

1. 叶部病害

（1）霜霉病　植株发病时，叶片背面有一层霜状霉层为主要特征。霉层初为白色，后变为灰黑色，致使叶片枯黄而死。常在早春或晚秋低温多雨多湿时发病，迅速而严重。

被害药用植物：有延胡索、菊花、当归、党参、大黄、枸杞、北沙参等。

防治方法　有40%霜疫灵、40%乙膦铝、25%瑞毒霉、50%甲基托布津等。

（2）白锈病　植株发病时叶片背面有白色疱斑，后破裂散发出白色粉末，此为病菌的孢子囊。发病严重时，病斑连成大斑，叶片干枯死亡。本病常在初夏或秋季高湿时发生严重。

被害药用植物：有牛膝、黄芪、山药、板蓝根、牵牛等。

防治方法 有25%瑞毒霉、65%代森锌、50%托布津、波尔多液等。

（3）白粉病 植株叶片被危害时，初期出现圆形白色绒状霉斑，后扩大连片，使叶面布满一层白面状的霉层。此霉层为病原菌的菌丝或分生孢子，霉层中的小黑点为病菌的子囊壳，破裂后散发出子囊孢子危害药用植物。本病常在温暖干燥季节或因施氮肥过多，植株生长茂密，株间不通风透光时发生严重。

被害药用植物：有三七、川芎、牛蒡、黄连、黄芪、菊花、红花、栝楼、枸杞等。

防治方法 有25%粉锈宁、50%托布津等。

（4）锈病 植株发病时，叶片病斑上有疱状或刺毛状物，黄色至锈褐色。疱斑破裂后，散发出铁锈色粉末状物，此为病菌的夏孢子。后期在发病部位生出黑色粉末状物，此为病菌的冬孢子或锈孢子。常在阴雨连绵的季节发生严重。

被害药用植物：有三七、延胡索、白术、芍药、白芷、当归、贝母、党参、黄芪、北沙参、紫菀、红花、菊花、薄荷、金银花、白扁豆、木瓜等。

防治方法 有15%粉锈宁、20%萎锈灵、65%代森锌等。

（5）叶斑病 发病时，叶片上产生枯死斑点。由于病原菌和寄主药用植物的不同，病斑的形状、颜色、大小也多种多样：有圆斑、轮纹斑、角斑；有褐色、灰褐色、红褐色；有大斑、小斑等。病菌以菌丝、分生孢子器在病叶上越冬，翌年春季，形成分生孢子，在潮湿的条件下萌发危害新叶，使叶片枯死。

被害药用植物：有白芍、白芷、白术、地黄、桔梗、玄参、太子参、菊花、金银花、薄荷、木瓜、枸杞、山药等。

防治方法 有50%多菌灵、50%托布津、65%代森锌、波尔多液等。

（6）叶枯病 植株发病时，叶片上产生较大的病斑，而后连成片，叶片枯死，呈焦枯状或枯死脱落。病斑多为灰色、褐色或灰褐色。最后病斑上产生不同颜色的霉状物。病菌以菌丝、分生孢子、菌核等在病叶上越冬，翌年在多雨季节或植株生长衰弱时侵染危害。

被害药用植物：有贝母、芍药、牡丹、麦冬、板蓝根、紫菀、枸杞等。

防治方法 有50%多菌灵、40%乙膦铝、50%托布津、65%代森锌以及波尔多液等。

（7）炭疽病 植株发病时，叶片产生枯死病斑。病斑上生有小黑点，有时排列成轮纹状。在潮湿条件下，病斑上产生粉红色的胶状物，此为病原菌的分生孢子团。常在多雨季节发病严重。

被害药用植物：有人参、三七、山药、山茱萸、枸杞、红花、黄连等。

防治方法 有60%炭疽福美、50%多菌灵、50%托布津、65%代森锌等。

（8）病毒病 植株发病时，有的叶片变色（花叶），有的变形（畸形），其病原物多为病毒。药用植物发生病毒病后，植株矮小，生长衰弱，严重时叶片自下而上枯死，植株死亡。

被害药用植物：有天南星、白术、菊花、太子参、地黄、北沙参、白扁豆、牛蒡、酸枣等。

防治方法 主要是选育抗病品种；增施磷、钾肥，增强植株抗病力；及时消灭害虫，避免病毒扩散。

2. 根部病害

（1）根腐病 植株发病初期，先由须根、支根变褐腐烂，逐渐向主根蔓延，最后导致全根腐烂。随着根部腐烂程度的加剧，地上茎叶自下而上枯萎，最终全株枯死。药用植物根部腐烂病，常与地下线虫、根螨危害有关。另外，在土壤黏重、田间水分过多等情况下发病严重。

被害药用植物：有白术、贝母、芍药、牡丹、地黄、玄参、党参、太子参、板蓝根、黄芪、牛膝、菊花、红花、枸杞等。

防治方法 播种前对土壤进行消毒处理；防治地下害虫和线虫；增施腐熟的有机肥，增强植株抗病力。

（2）白绢病 常发生于近地面处的根部或茎基部，出现1层白色绢丝状物，严重时腐烂成乱麻状。最后叶片自下而上逐渐枯萎，导致全株枯死。常在高温高湿季节或土壤渍水条件下发病严重。

被害药用植物：有白术、芍药、太子参、黄芪、玄参、地黄、桔梗、黄连、菊花、北沙参、乌头等。

防治方法 应与禾本科作物轮作或水旱轮作；播前，土壤施石灰消毒；种栽用多菌灵或托布津浸泡消毒后下种；使用木霉制剂防治。

（3）线虫病 线虫危害药用植物根部。根部发病后，地上植株生长受抑制，使叶色变黄，严重时全株枯死。同时，线虫也能导致根部细菌性腐烂病。

被害药用植物：有人参、川芎、牛膝、白术、白芷、北沙参、丹参、桔梗、黄芪、麦冬、郁金、乌头、白扁豆、决明、地黄、凤仙花等。

防治方法 实行轮作，最好与禾本科作物轮作，或水旱轮作；播前土壤进行消毒处理。

3. 茎部病害

（1）立枯病　立枯病是药用植物幼苗期病害。发病初期，幼苗茎基部出现黄褐色湿润状长形病斑，继而向茎部周围扩展，形成绕茎病斑。病斑处失水干缩，失去输导养分、水分的能力，致使幼苗枯萎，成片倒伏枯死。有的茎木质化程度较高，常为立枯状倒伏。

被害药用植物：有人参、三七、白术、芍药、北沙参、西洋参、荆芥、防风、黄芪、菊花、杜仲等。

防治方法　加强田间管理，降低土壤湿度；进行土壤消毒；发病时，及时拔除病苗，苗床进行消毒。

（2）枯萎病　由于病原菌侵入药用植物的导管，并堵塞产生毒素，破坏导管输送功能，引起全株发病。发病初期，植株下部叶片失绿，继而变黄枯死。常在重茬地、排水不良以及黏重地上发病严重。

被害药用植物：有桔梗、荆芥、黄芪等。

防治方法　实行与禾本科作物轮作；发病时喷50%多菌灵或50%托布津。

（3）菌核病　发病幼苗在茎基部产生褐色水渍状病斑，幼茎很快腐烂，造成倒苗死亡。在病部出现的白色丝状物为病原菌的菌丝；后期病部出现黑褐色的颗粒，为病原菌的菌核。

被害药用植物：有人参、川芎、延胡索、白术、贝母、丹参、牡丹、红花、牛蒡、细辛等。

防治方法　实行轮作；发病时，在发病中心撒施石灰粉；喷40%纹枯利或50%托布津。

4. 果实、种子病害

（1）枸杞黑果病　果实发病，先产生圆形褐色凹陷的病斑，上有小黑点，致使果实变黑。本病常在多雨高湿的7～8月发病严重。

防治方法　有50%退菌特、50%多菌灵、65%代森锌等。

（2）薏苡黑穗病　又称黑粉病。植株发病时，在叶片、叶鞘上形成一串小型的瘤状突起，紫红花，内有黑色粉末，此为病菌的冬孢子。冬孢子常在种子表面或土壤中越冬，翌年春季种子发芽时冬孢子也萌发，再次侵入薏苡幼芽、子房中产生危害，致使子房变成一包黑粉。

防治方法　播前，种子用70%五氯硝基苯或50%多菌灵拌种。

二、虫害及其防治

昆虫的种类很多，估计有100多万种，其中有许多种类危害药用植物的根、茎、叶、花、果、种子，造成药材质量下降，产量降低，甚至绝产。危害药用植物的常见害虫及其防治方法如下。

1. 根部害虫

（1）蝼蛄　俗名土狗。1年发生1代，以成虫及若虫在土穴中越冬，5～6月羽化成虫，7～8月产卵，卵粒集合成堆。性喜温湿。昼伏土中，夜出地面活动，食性很杂，有趋光性。若虫和成虫均能啃食嫩茎、幼根。

被害药用植物：有麦冬、地黄、乌头、人参、贝母、丹参、黄连、牡丹、天南星、穿心莲等。

防治方法　播前进行土壤消毒，药剂拌种；成虫用灯光诱杀和毒饵诱杀。

（2）蛴螬　俗名地蚕、白地蚕，为金龟子的幼虫。1年发生1代，一生经过卵、幼虫、蛹、成虫4个虫态。以幼虫或成虫在土中越冬，翌年春季当土温回升至15℃以上时，蛴螬可上升至表土层活动。为植食性害虫，在地下取食多种药用植物的根茎。在夏季多雨、土壤湿度大、生荒地以及厩肥施用较多时，蛴螬发生危害严重。

被害药用植物：有白芍、菊花、桔梗、白术、贝母、丹参、玄参、紫菀等多种根及地下茎类药用植物。

防治方法　幼虫（蛴螬）用毒饵诱杀，或药剂拌种，或播前土壤进行消毒处理；成虫采用灯光诱杀，或用触杀剂、胃毒剂喷杀。

（3）地老虎　俗名乌地蚕、切根虫。危害药用植物的有小地老虎、大地老虎。每年发生1～4代，一生经过卵、幼虫、蛹、成虫4个虫态。以幼虫危害药用植物的幼苗。

被害药用植物：有桔梗、延胡索、白术、白芍、地黄、太子参、紫菀等多种药用植物。

防治方法　在低龄幼虫期，用杀虫剂喷杀；高龄幼虫用毒饵诱杀；成虫用灯光诱杀。

2. 茎部害虫

（1）天牛　俗名钻木虫。一生经过卵、幼虫、蛹、成虫4个虫态，1～4年产生1代，生长周期较长。天牛以幼虫钻蛀药用植物的茎秆取食，被害枝不能开花，甚至全株折断或枯死。

被害药用植物：菊天牛危害菊花；星天牛危害厚朴、枳壳、佛手柑等；褐天牛危害吴茱萸、枳壳、厚朴、木瓜、金银花等。

（防治方法） 在成虫发生期捕杀成虫；在天牛产卵期，将卵挖出灭杀；在幼虫期用40%乐果或505杀螟松等注射入孔道内，再用毒泥封口灭杀幼虫。

（2）玉米螟 每年发生3代，一生经过卵、幼虫、蛹、成虫4个虫态。以幼虫取食危害。成虫白天潜伏，晚间活动，交尾产卵。

被害药用植物：有薏苡、玉米等。

（防治方法） 将寄主药用植物的秸秆集中烧毁，消灭越冬虫口；或用40%氧化乐果、10%杀灭菊酯等喷杀。

3. 叶部害虫

（1）蚜虫 俗名腻虫、蜜虫。以刺吸式口器插入药用植物的叶片内吸取汁液，使叶色变黄或发红，枯焦脱落。蚜虫繁殖力极强，1年发生20～30代，平时为卵胎生，而且都是雌蚜，春夏季能行孤雌繁殖，1只雌蚜平均能生30～40只小蚜虫。

被害药用植物：棉蚜危害菊花、枸杞；菊小长管蚜危害白术、菊花、艾；桃蚜危害三七、大黄、人参、枸杞；红花指管蚜危害红花、牛蒡、白术、苍术。

（防治方法） 保护和利用天敌，以虫治虫，如七星瓢虫、食蚜蝇等；选用内吸剂和触杀剂农药，如70%灭蚜松、40%氧化乐果、3%久效磷等。

（2）介壳虫 又称蚧。主要危害木本药用植物。介壳虫为雌雄异型，雌成虫体被有坚硬的蜡壳。蜡壳有圆形、椭圆形、半球形或多角状突起。颜色有淡红色、灰白色、白色等。介壳虫一生经过卵、若虫、成虫3个虫态。每年发生1～5代，多以若虫越冬。1龄若虫有足，能爬行，2龄若虫触角和足已退化，不能动，以发达的刺吸式口器插入药用植物组织，危害药用植物。

被害药用植物：吹棉蚧危害佛手、月季、玫瑰、牡丹等；黑点蚧危害枳壳、柑橘等；梨圆蚧危害宣木瓜等。

（防治方法） 保护大红瓢虫、黑缘红瓢虫等天敌；趁孵化期虫体裸露时用40%乐果，或40%氧化乐果喷杀。

（3）叶蝉 一生经过卵、若虫、成虫3个虫态。每年能发生1至多代，以成虫和若虫刺吸式口器插入叶片吸取汁液，使叶色变淡，植株生长衰弱。

被害药用植物：有桔梗、白术、紫菀、菊花等。

（防治方法） 选用内吸杀虫剂和触杀剂，如10%杀灭菊酯、50%杀螟松、40%乐果等，在若虫期喷杀。

（4）蝽类　多数种类以成虫越冬。一生经过卵、若虫、成虫3个虫态，1年发生1～3代。以刺吸式口器吸取药用植物茎叶的汁液，还能传播病毒。

被害药用植物：有地黄、桔梗、玄参、太子参、木瓜等。

防治方法　选用触杀剂和内吸剂进行防治，如10%杀灭菊酯、40%氧化乐果、50%辛硫磷等。

（5）螨类　体微小，形似蜘蛛，又称红蜘蛛。一生经过卵、幼虫、若虫和成虫4个阶段（不属昆虫）。1年发生3～30代。2～3月间在杂草上取食并产卵繁殖，经过1～2代，春季幼苗出土后即迁移危害药用植物。幼螨、成螨均喜在叶背吸收汁液，越是干旱、高温季节繁殖率越大。也能行孤雌繁殖。

被害药用植物：有玄参、白芷、地黄、三七、砂仁、佛手、酸橙、木芙蓉、月季等。

防治方法　选用杀螨剂，如20%三氯杀螨砜、40%三氯杀螨醇、40%乐果或50%杀螟松等喷杀。

（6）蛾类　这类昆虫一生经过卵、幼虫、蛹、成虫4个虫态。幼虫咬食叶片，有的将叶片卷起或缀合在一起，裹在里面取食；有的在叶背面取食；有的吐丝结成囊袋，外部粘着枯叶，躲在囊袋里越冬，6月幼虫出囊，吐丝随风扩散，取食叶肉。如蓑蛾（避债蛾）、刺蛾（痒辣子）、灯蛾（毛毛虫）、毒蛾、银纹夜蛾、尺蠖、咖啡透翅天蛾等。成虫多不危害药用植物，白天不活动，夜间出来交尾产卵。

被害药用植物：有紫菀、紫苏、荆芥、泽泻、菊花、板蓝根、地黄、薄荷、山茱萸、杜仲、金银花、牡丹、厚朴、栀子、芍药、木瓜、辛夷、丁香以及蔷薇科、锦葵科、唇形科、十字花科等多种药用植物。

防治方法　用灯光诱杀成虫；冬季结合整地，春秋季结合整形修剪，消灭越冬虫口；选用10%杀灭菊酯、40%氧化乐果、50%杀螟松、90%敌百虫等农药防治。

（7）蝶类　幼虫取食药用植物叶片，老熟后即在寄主植株上化蛹。一生经过卵、幼虫、蛹、成虫4个虫态。成虫俗称蝴蝶。蝶类害虫种类繁多，危害药用植物的有菜粉蝶、黄凤蝶、柑橘凤蝶等的幼虫，它们取食叶片或花蕾，使叶片形成缺刻或孔洞，严重时，只剩下叶柄和花梗，幼枝上的嫩叶被吃光。

被害药用植物：有板蓝根、当归、防风、白芷、柴胡、杜仲、佛手、北沙参、酸橙、吴茱萸等。

防治方法　用每克含100亿孢子的苏云金芽孢杆菌菌粉配成溶液喷雾防治。常用农药有10%杀灭菊酯、90%敌百虫、50%杀螟松和50%氧化乐果乳油等。

4. 花果害虫

主要为鳞翅目钻蛀性害虫。以幼虫危害药用植物的花蕾、花瓣、果实及种子，直接造成损失或降低药材质量。常见的有以下几种。

（1）白术术籽虫　专门危害白术。每年发生1代。以幼虫取食白术的花和种子，严重时种子颗粒无收。

防治方法　在白术初花期或成虫产卵期，喷105杀灭菊酯，或405氧化乐果，或50%杀螟松等。

（2）棉铃虫　一生经过卵、幼虫、蛹、成虫4个虫态，每年发生5代，以蛹在土内越冬，4月下旬羽化为成虫，交尾产卵。卵期2～3天，孵化出幼虫。以幼虫取食花蕾、花朵，随着龄期长大，钻入果荚内，取食种子。

被害药用植物：有白扁豆、穿心莲、丹参、牛蒡、颠茄等。

防治方法　除诱杀成虫外，在成虫产卵期喷10%杀灭菊酯，或90%敌百虫，或50%杀螟松等。

（3）豆荚螟　一生经过卵、幼虫、蛹、成虫4个虫态，1年发生4～5代。成虫白天躲在寄主植物或杂草上，傍晚出来交尾产卵，经4～6天孵化幼虫。以幼虫钻入荚内取食种子，造成种子缺刻，严重时籽粒被吃光。

被害药用植物：有白扁豆、黄芪等豆科药用植物。

防治方法　在成虫发生高峰期，喷农药10%杀灭菊酯，或90%敌百虫，或50%杀螟松等。

（4）梨小食心虫　一生经过卵、幼虫、蛹、成虫4个虫态，1年发生4～5代。成虫羽化后1～3天开始产卵于嫩梢的叶背或果实上。以孵化后的幼虫蛀入果内，取食果肉，进而钻入果心取食种子。果实被害后变黑腐烂。

被害药用植物：有木瓜、贴梗海棠、梨等。

防治方法　诱杀成虫；消灭越冬幼虫；喷10%杀灭菊酯，或98%敌百虫等。

参考文献

[1]　贺雪峰，潘金华，程鲜友，等. 中草药常见病虫害防治技术[J]. 中国果菜，2009（3）：38.
[2]　陈元生，童燕顺，周满生，等. 中草药病虫害发生特点与控制对策[J]. 现代园艺，2008（10）：28-29.

[3] 向琼. 商洛地区几种中草药田昆虫群落结构动态研究[D]. 杨凌：西北农林科技大学，2005.

[4] 唐养璇，李筱玲. 商洛中药材病虫害防治的非技术问题及对策[J]. 商洛师范专科学校学报，2005（2）：34-36.

[5] 郭淑红，田洪岭，吴昌娟，等. 中草药黄芪栽培技术分析[J]. 农业与技术，2018，38（18）：130.

[6] 付利娟. 重庆市中药材病虫害发生现状及防治对策[J]. 植物医生，2010，23（4）：25-27.

[7] 薛琴芬，张普. 白芷的栽培与病虫害防治[J]. 特种经济动植物，2009，12（3）：37-38.

[8] 张树林，王启苗. 中药材地下害虫的综合防治技术[J]. 现代农业科技，2007（13）：85+87.

[9] 傅俊范. 菊花病害防治【中草药病害防治】[J]. 新农业，2004（3）：36-37.

[10] 陈仕江，金仕勇. 中国人工种植药用植物病虫害及其防治[J]. 重庆中草药研究，2001（1）：14-22.

[11] 刘茹馥. 种植中草药防治病虫不能随意用药[J]. 河北农业，1998（4）：21.

[12] 董炳新. 中药材地下害虫综合防治技术[J]. 安徽农学通报，2014，20（15）：88-90.

[13] 冯聚国. 秦安县中药材地下害虫的综合防治技术[J]. 农业科技与信息，2008（5）：49.

[14] 陈君，张蓉，傅俊范，等. 中药材生产全过程病虫害防治共性技术研究与应用[J]. 中国现代中药，2011，13（8）：3-8.

[15] 李德友，曾令祥. 贵州地道中药材半夏主要害虫发生危害与防治技术[J]. 贵州农业科学，2009，37（3）：72-73.

[16] 熊飞. 山区中药材常见害虫及其防治技术[J]. 农家科技，2009（10）：22.

[17] 刘棋. 普洱紫花三叉白及园节肢动物群落结构及主要害虫防治研究[D]. 昆明：云南农业大学，2017.

[18] 李伦福. 用远红外线防治中药材的霉菌和害虫[J]. 中药材科技，1981（1）：48.

[19] 韩学俭. 中药材叶部害虫及其防治[J]. 北京农业，2001（6）：27.

[20] 高峰. 秦巴山区板蓝根GAP种植害虫防治研究[D]. 杨凌：西北农林科技大学，2005.

[21] 陈君，程惠珍，丁万隆. 北京地区枸杞害虫天敌种类及发生规律调查[J]. 中国中药杂志，2002，27（11）：818-823.

[22] 张智广，黄荣茂，逢丽丽. 贵州省中草药病虫害的现状与防治对策[J]. 贵州大学学报，2003，20（2）：180-186.

截至目前，西藏自治区尚无相对集中的药材交易市场。药材流通主要有以下三种情况：一是藏药材生产企业的药材来源，主要依靠从西藏的边贸市场进口来自尼泊尔或印度等地的药材，或从内地药材市场采购等正规渠道为主，以从药材产地按需收购为辅；二是药店或诊所的药材来源，多数以从内地药材市场采购为主；三是本土药材的去处，主要以土特产店售卖为主，也有部分原药材被企业收购，然后通过初加工及包装后出售。因此，以下主要针对西藏当地土特产店售卖的主流品种为主进行分析，分析的数据主要来自第四次全国中药资源普查的市场调查数据。涉及的品种主要有冬虫夏草、大花红景天、灵芝、天麻、手掌参、川贝母、疙瘩七等。

一、冬虫夏草市场分析

冬虫夏草（*Cordyceps sinensis*），又名中华虫草、夏草冬虫，简称虫草。是我国传统的名贵中药材，它是由肉座菌目麦角菌科虫草属的冬虫夏草菌寄生于高山草甸土中的蝙蝠蛾科幼虫，使幼虫僵化，在适宜条件下，夏季由僵虫头端抽生出长棒状的子座而形成，即冬虫夏草菌的子实体与僵虫菌核（幼虫尸体）构成的复合体。在西藏分布广泛，约有55个县境内有冬虫夏草分布，其中以藏北东三县（比如县、巴青县、索县）及丁青、嘉黎等地的品质较佳，其分布地的平均海拔在4500米左右。在全球气候变暖的大背景下，野生冬虫夏草生境不断缩小，加之高昂的市场价格助推采挖力度的不断深入，其分布区域正在不断缩小。

冬虫夏草具有滋补、免疫调节、抗菌、镇静、催眠等功效。《本草从新》记载："味甘性温，秘精益气，专补命门。"现代医学研究证实，其成分含脂肪、精蛋白、精纤维、虫草酸、冬虫夏草素和维生素B_{12}等。冬虫夏草在林芝地区主要分布于工布江达、林芝、米林、朗县、波密、察隅。据统计，西藏年产冬虫夏草50吨左右。

目前，冬虫夏草尚无人工栽培，因此，其价格极高。2018年，西藏市场冬虫夏草价格幅度在40 000～200 000元/千克，其中最好的"极"特等品200 000元/千克（1600条/千克）、一等品160 000～180 000元/千克（2000～2100条/千克）、二等品120 000～140 000元/千克（3100～3400条/千克）、三等品60 000～80 000元/千克（＞4000条/千克），无品相≤40 000元/千克（主要是断草、碎草及"水草"）。

据资料显示，冬虫夏草在20世纪60年代中期的价格是0.6元/千克，21世纪初，冬虫夏草每千克的价格开始突破万元大关，2013年达到顶峰，"极品"虫草的价格高达320 000元/千克（在藏北调查时，从老百姓手中收购"极品"虫草价格为200元/条，每千克约1600条），此后，因各项规定出台及检测出砷超标等因素，价格开始下跌，即便如此，仍然是贵如黄金的名贵药材。

冬虫夏草未来的价格很难预测。主要是因为患者服用冬虫夏草后的反应说法不一，一部分患者认为冬虫夏草在提高免疫机能方面效果极佳，一部分患者则认为没有任何效果，反而具有副作用。此外，由于人们生活水平的提高，收入增加，人们的保健意识越来越强，因此，冬虫夏草的价格在短时期内即便有波动，也不可能大幅下降。

二、大花红景天市场分析

大花红景天（*Rhodiola crenulata*）系景天科红景天属多年生植物，在分类学上，与圆齿红景天为同一物。地上主轴短，宿存老枝多，黑色，有不育枝，花茎高5～20厘米，鲜时带红色，常扇状排列。叶互生，有短的假柄，椭圆长圆形至几为圆形，长1～3厘米，宽9～22毫米，全缘或波状或有圆齿。伞房状花序有多花，长2厘米，有苞片；雌雄异株；5基数；花大，有长梗；萼片宽线形至披针形，长2～2.5毫米；花瓣红色，倒披针形，有长爪，长6～7.5毫米；雄蕊10，与花瓣同长或稍长；鳞片近正方形至长方形，长1毫米左右，先端有微缺、蓇葖直立，长8～10毫米，干后红色。花期6～7月，果期7～8月。生于高山碎石滩、山坡沟边草地、石缝中、高山灌丛中，海拔3400～5600米。

大花红景天具有改善睡眠、抗缺氧、抗疲劳、抗菌、抗辐射、延缓衰老作用，对内分泌系统有双向调节的功效。大花红景天有"雪域人参"的美称，是藏医药常用的道地药材，一直以来，居住在青藏高原的百姓常以它入药，以强身健体，抵抗不良环境的影响以及预防或治疗高原反应。

大花红景天市场前景广阔，因为该药材不仅在医药行业需求量大，在食品、保健品、日化用品行业的需求也不容小觑。根据第四次全国中药资源普查的数据分析表明，西藏的大花红景天蕴藏量在3000吨左右，而市场每年的需求量在1000吨以上，市场价格也由20世纪80～90年代的8～10元/千克上涨至目前的50～60元/千克（土特产零售价高达100～120元/千克）。

目前，西藏市场销售的大花红景天品种混杂，部分商家将圣地红景天、狭叶红景天（大株红景天）、云南红景天等品种充当大花红景天销售。未来一段时期，大花红景天的价格还将继续上扬，主要原因有两点：一是当前大花红景天的药材主要以野生资源为主（尚无规模化的人工种植），在"绿水青山就是金山银山"理念引领的大背景下，老百姓的保护意识增强，采挖野生资源受诸多因素限制，药材来源受限；二是药企、食品企业、日化企业对该药材的市场需求不断加大。以上两点，必将导致大花红景天的市场供不应求，也有可能催生大花红景天的规模化种植。

三、灵芝市场分析

灵芝（*Ganoderma lucidum*）是多孔菌科腐生真菌，个体高10～20厘米。菌盖肾形或近圆形，表面有纹理，紫褐色，有漆样光泽，质较硬；菌盖下淡棕色，有多数细孔。菌柄长，圆柱形，直立或稍弯，紫黑色，有漆样光泽，着生于菌盖的底侧。全年可采，采集全部菌座，洗净，晒干。

灵芝具有滋补强壮、养心益肾的作用，主治神经衰弱，心悸头晕，夜寐不宁等症。西藏的野生灵芝主要产于林芝市下辖的察隅、波密、米林、巴宜区等地。或许是由于"林芝"与"灵芝"近音的缘故，消费者对来自林芝的野生灵芝十分青睐。

实际上，灵芝的人工栽培已具有悠久历史，并且技术成熟，但人们在"回归自然"思潮的影响下，在神话故事的渲染下，仍然崇拜野生灵芝的神奇功效。灵芝在西藏也有人工栽培，而土特产店的市售灵芝多数打着"野生灵芝"的旗号，价格高达1500元/千克。根据中药材天地网的报价，近三年人工种植灵芝的价格基本维持在30元/千克，而西藏的人工种植灵芝价格则维持在400～600元/千克；西藏产白肉灵芝孢子粉价格1900元/千克（人工，未破壁），中药材天地网提供的价格为150～200元/千克（破壁价格600元/千克）。之所以价格差距这么大，主要是因为青藏高原是世界最后的净土，但在网络及媒体发达的现在，其价格将会逐步趋于理性。

四、天麻市场分析

天麻（*Gastrodia elata*）为多年腐生草本，高50～150厘米。根状茎，椭圆形或卵圆形，横生，块状。茎黄褐色，有节，节上具鞘状鳞片，基部具数片。花绿褐色或淡黄褐色，花序总状，花黄色，萼片于花瓣合生成斜歪筒，口部偏斜。花期6～8月，果期7～9月。7～9月挖取块状根茎，趁新鲜时去掉泥沙，刮去外皮，蒸透，切片，晾干。性微寒，味甘。有熄风镇痉作用。主治头痛，头昏，眼花，风寒湿痹，小儿惊风等症。西藏野生天麻主要分布于察隅、波密、易贡、鲁朗等地。

波密天麻属于天麻中的乌天麻，21世纪初实现人工种植，2010年3月25日获批农业部农产品地理标志产品（农业部公告第1364号）。波密天麻经测定富含天麻素、香荚兰醇、香荚兰醛、琥珀酸B−谷甾醇、维生素A样物质、苷类、生物碱、黏液质和天麻多糖，经测定，其天麻素含量在0.4%以上。波密天麻共分为五等，特等天麻：干货，外观色泽黄白色，块茎形状呈扁平椭圆形，坚实不易折断，断面平坦呈角质半透明状。性味甘微辛，平均单体重55克以上，每千克18个以内，无空心、霉变、虫蛀等现象。一等天麻：干货，外观色泽黄白色，块茎呈扁平椭圆形，体结实，断面半透明呈角质状，黄白色，性味甘微辛。平均单体重50克以上，20～22个/千克，无空心、虫蛀、霉变以及炕枯等现象。二等天麻：干货，块茎呈长椭圆形，稍弯曲，表面黄白色或黄褐色，半透明，断面角质状牙白色或棕黄色。单体均重40克以上，22～26个/千克，无霉变、虫蛀。三等天麻：干货，块茎呈长椭圆形，扁缩、多皱、弯曲，单体平均重30克左右，26～32个/千克。四等天麻：32个/千克以上。空心、不完整的碎块、灰末等色次的天麻为等外品，但要无霉变。

目前，西藏野生天麻的价格为1600～2000元/千克（统货），人工种植鲜天麻80～100元/千克（统货），人工种植干天麻400～500元/千克（统货）。近三年，我国的安国、亳州、荷花池、玉林市场的人工种植天麻统货价格为140～160元/千克。由于品种退化、种植技术落后等因素，西藏的人工种植天麻产量呈下降趋势，其价格仍有走高的迹象，但并不排除内地天麻进入西藏市场，弥补本地天麻产量的不足。

五、手掌参市场分析

手掌参系手参、西南手参与短距手参等的统称，多年生草本，植株高20～50厘米。块根肥厚，通常4～6掌裂，形如手掌，初生时白色，后变黄色，顶部生须根。茎直立，具5～7片叶。叶互生，长圆形或披针形，基部成鞘包茎，向上逐渐变小，最上部叶近鳞片状，叶面深绿色，叶背淡绿色。穗状花序顶生，花密集，紫红色，距短于子房。蒴果，长圆形，先端尖。8～10月采挖块根，除去茎苗及须根，洗净泥沙，晒干。

手掌参性平，味甘。补益气血，生津止渴。主治肺虚咳喘，虚痨消瘦，乳少，慢性肝炎等症。用量：3～9克。多生于高山草地或林缘潮湿肥沃处。主要分布于丁青、林芝、米林、朗县等地。

西藏主要分布有手参、西南手参、短距手参、角距手参4种（部分地区也有将红门兰的块根替代手掌参入药的情况），其中前3种是入药的主要品种，而角距手参因为块根瘦小，生物量较低，很少用于药用或食用。

目前，市场的手掌参以野生资源为主，尚无人工栽培报道，其野生品种的价格为700～1000元/千克。由于过度采挖，该药材资源逐渐枯竭，未来价格呈上升趋势。

六、川贝母（梭砂贝母）市场分析

梭砂贝母（*Fritillaria delavayi*），多年生草本。鳞茎粗1.5～2厘米，由3～4枚肥厚的鳞茎瓣组成。茎高20～30厘米，近中部以上具叶。叶3～5枚，下部的互生，最上部2枚有时对生，卵形至卵状披针形，顶端钝头，基部抱茎，长3～6厘米，宽1.5～2厘米，上部的比下部的短而窄，有时长2厘米，宽0.7厘米，单花顶生，略俯垂，花被宽钟状；花被片6，较厚，长倒卵形至倒卵状长矩圆形，长3～5厘米，宽1～2厘米，外轮短而窄，绿黄色，具深色的平行脉纹和紫红色斑点，基部上方具长6～10毫米，宽约2毫米的蜜腺凹穴；雄蕊6，长约花被片的1/2；花柱远比子房长，子房略比雄蕊长；柱头3裂，裂片长约1毫米。

川贝母味苦、甘，性微寒；归肺、心经；质润泄散，降而微升。具有清热化痰，润肺止咳，散结消肿的功效；主治虚劳久咳，肺热燥咳，肺痈吐脓，瘰疬结核，乳痈，疮肿。

2010年，西藏自治区藏医院开始川贝母的人工种植试验，并取得成效，但未实现规模化与商业化。目前，西藏市场上川贝多以野生资源为主，价格为3000～3400元/千克，与中药材天地网近三年监测价格基本持平。土特产店有来自内地的种植品种（或混伪品），售价在400～800元/千克左右。

七、疙瘩七（花叶三七）市场分析

疙瘩七为五加科人参属竹节参的变种，因其根状茎多为串珠疙瘩状，而得名疙瘩七。叶常4～6轮生于茎端，具5小叶，叶柄长5～10厘米，无毛；小叶柄长3～10毫米，小叶片膜质，2回羽状分裂，整齐或不整齐，裂片边缘有锯齿，9～10月挖取根茎，洗净，蒸透，晒干。多生于阴湿山脚斜坡、土质疏松的肥沃土壤中。性温，味甘、微苦。止血散瘀，消肿止痛。主治吐血，衄血，血痢，便血，雪崩及产后出血过多等症。主要分布于察隅、米林、林芝等地。

目前，西藏市售疙瘩七（老百姓有时直接称为"三七"）主要来源以当地百姓采挖野生资源为主，但品种较为混杂，主要包括参三七、珠子参、疙瘩七、竹节参等，其售价为400～700元/千克。

为促进我国中医药及民族医药发展，相关部委出台了许多关于中医中药的相关规划、法规、指导意见等，特别是《中华人民共和国中医药法》（以下简称《中医药法》）的颁布实施，更标志着我国中医药事业的发展受法律保护。作者在本章节选了国家层面及西藏地方的相关法律法规，旨在让药农充分了解国家政策及产业发展方向，并用于指导药材生产。

第一节　国家层面的相关政策法规

本节主要摘录了包括《中医药法》在内的8个文件，其中《国家中医药管理局关于支持西藏自治区藏医药事业发展的意见》与《中医药法》为全文摘录。

一、《国务院关于扶持和促进中医药事业发展的若干意见》【国发〔2009〕22号】

于2009年4月21日印发，内容节选：（1）促进中药资源可持续发展。加强对中药资源的保护、研究开发和合理利用。开展全国中药资源普查，加强中药资源监测和信息网络建设。保护药用野生动植物资源，加快种质资源库建设，在药用野生动植物资源集中分布区建设保护区，建立一批繁育基地，加强珍稀濒危品种保护、繁育和替代品研究，促进资源恢复与增长。结合农业结构调整，建设道地药材良种繁育体系和中药材种植规范化、规模化生产基地，开展技术培训和示范推广。合理调控、依法监管中药原材料出口。（2）加强民族医疗机构服务能力建设，改善就医条件，满足民族医药服务需求。加强民族医药教育，重视人才队伍建设，提高民族医药人员素质。完善民族医药从业人员准入制度。加强民族医药继承和科研工作，支持重要民族医药文献的校勘、注释和出版，开展民族医药特色诊疗技术、单验方等整理研究，筛选推广一批民族医药适宜技术。建设民族药研发基地，促进民族医药产业发展。

二、《国家中医药管理局关于支持西藏自治区藏医药事业发展的意见》【国中医药办发〔2011〕23号】

西藏自治区人民政府：

为认真贯彻落实中央第五次西藏工作座谈会精神，全面推进《国务院关于扶持和促进中医药事业发展的若干意见》（国发〔2009〕22号）以及《关于切实加强民族医药事业发展的指导意见》（国中医药发〔2007〕48号）的实施，探索民族医药事业发展新模式，促进西藏自治区藏医药事业又好又快发展，现提出如下意见：

一、指导思想和基本原则

（一）指导思想

高举中国特色社会主义伟大旗帜，以邓小平理论和"三个代表"重要思想为指导，深入贯彻落实科学发展观，全面贯彻落实中央第五次西藏工作座谈会精神，遵循藏医药发展规律，推动藏医药继承与创新，促进藏医藏药协调发展，充分发挥藏医药特色优势，积极支持西藏自治区探索体现科学发展观要求、符合西藏实际情况和民族医药事业发展的新路子，为提高西藏人民群众健康水平服务，为西藏经济社会跨越式发展、确保国家安全和西藏长治久安、建设小康西藏、平安西藏、和谐西藏和生态西藏发挥积极作用。

（二）基本原则

解放思想，转变观念，坚持继承与创新的辩证统一，既要保持和发扬藏医药特色优势，又要利用现代科技丰富和发展藏医药；坚持统筹兼顾，推进藏医药医疗、保健、科研、教育、产业、文化全面发展；坚持局区联合共建，由中央和地方共同投资、共同建设、共同探索、共同管理；坚持民族区域自治，发挥地方政府主导作用，动员各方面力量共同推进西藏自治区藏医药事业发展。

二、重点任务

（一）建立健全西藏藏医药服务体系

健全农牧区藏医药服务网络。"十二五"期间，争取国家发改委、财政部、卫生部支持，继续加强地市级和县级藏医院建设，力争在地市和县实现藏医药机构、人员、设施

"三配套"，不断提高藏医院综合服务能力，充分发挥藏医药特色和优势。支持综合医院藏医科和藏药房的标准化建设，在有条件的乡（镇）卫生院设置藏医科、设立藏药房、配备藏医技术人员。到"十二五"末，基本形成以地（市）为龙头、县为枢纽、乡村服务点为网底的藏医医疗服务网络。

（二）提升藏医药服务能力和水平

1. 加强藏医药服务能力建设。藏医医疗机构坚持以藏医藏药为主，加强专科（专病）建设，做到"院有专科、科有专病、病有专药"，大力推广和使用安全、有效、简便、价廉的藏医适宜技术和藏药制剂，突出藏医药特色服务。支持开发以藏医药理论为指导的疾病预防保健技术和产品，提升藏医药对突发公共卫生事件、突发传染病、重大疾病的预防、控制和医疗救治的能力。支持开展藏医药临床路径等试点工作。

2. 建设藏医药重点专科。国家中医药管理局在西藏自治区开展藏医药重点专科（专病）项目建设，力争在地（市）级以上藏医院建成7～9个国家级藏医重点专科，并形成重点专科（专病）优势病种诊疗方案，经临床验证后予以推广。

3. 支持符合条件的藏药逐步纳入《国家基本药物目录》。与国务院相关部门协调，将符合条件的藏药逐步纳入《国家基本药物目录》。支持西藏自治区制订《基本用药藏药目录》，增加自治区职工医疗保险和农牧区医疗药物目录中的藏药品种。

4. 建立藏医药适宜技术推广基地，推广藏医药适宜技术。支持西藏自治区建立藏医药适宜技术推广基地，由区藏医药管理机构筛选确定部分简单、方便、价廉、安全、有效的藏医药适宜技术，纳入基层常见病多发病适宜技术省级推广项目目录，编写基层藏医药适宜技术手册，依托藏医药适宜技术推广基地，分类分层推广藏医药适宜技术。

5. 建立局区对口支援机制。国家中医药管理局直属单位要对口支援西藏自治区重点藏医药建设单位，安排知名专家分批到援建单位进行专题讲座、临床带教、科研指导，接收受援单位派员进修学习。在安排民族医药人员国内外进修、短期培训时，对西藏自治区予以倾斜。

（三）加强藏医药人才队伍建设

1. 建立和完善藏医药继续教育制度。国家中医药管理局在西藏自治区建立国家藏医药继续教育基地，支持区藏医药管理部门建立多层次的继续教育基地，采取多种方式，开展面向基层医生的藏医药基本知识与适宜技术培训，积极为农牧区培养实用型藏医药人才。对西藏自治区实施国家中医药人才培养教育项目予以倾斜。

2. 积极开展藏医药师承教育工作。将西藏自治区列为藏医药师承教育工作的试点区，开展区、市、县三级中医药师承教育工作。连续2批，每批从省、市级名藏医和乡村名藏医等优秀藏医药人员中遴选100名作为指导教师，每人配备1～3名学生，进行为期3年的师承教育。国家中医药管理局每年给予一定的经费支持。鼓励和支持名老藏医药专家带徒授业，传授其学术思想、技术方法和临床经验，总结藏医师承教育工作经验并制定和落实相关政策措施。

3. 积极支持藏医药院校教育工作。协调相关部门，加强西藏藏医学院的基础设施建设，扩大藏医药研究生教育，稳定本科教育，创造条件开办留学生教育。加强对藏医学院办学方向、教学质量等方面的宏观指导，扶持藏医学院藏医药重点学科、重点专业和实践教学基地建设。支持把藏医学院建设成博士学位授权单位，不断提高办学水平和能力，在条件成熟时更名为"西藏藏医药大学"。

（四）推动藏医药科技继承与创新

1. 积极推进藏医药重点研究室、重点实验室建设工作。支持建设藏医药特色技术和方药筛选评价中心。支持多学科结合，开展藏医药理论的系统研究。支持以提高临床疗效为核心的藏医药临床应用研究，加强临床疗效评价体系研究，促进藏医药临床科研体系建设。

2. 明确藏医药科研方向和重点。指导西藏自治区制定和实施藏医药科学研究中长期规划，支持其开展藏医药古典文献整理、校勘、注释、出版工作，并将其中重要著作汉译出版，编著藏医药文献目录。继续做好藏医药特有药材的炮制工艺研究，制定炮制规范。切实加强藏医药信息化建设。支持西藏藏医药研究院建设，使之成为藏医药研究和开发的重要基地。

3. 积极推进国家中医临床研究基地（民族医药）建设。"十二五"期间，进一步加大对西藏国家中医临床研究基地（民族医药）建设的支持力度。加强资源整合和顶层设计，推动基地按照项目要求开展建设，力争建设成为基础设施完备、功能结构合理、研究方向明确、科技优势突出、藏医药特色明显、临床疗效显著、具有很强藏医药临床研究能力、成果转化能力及技术辐射能力的现代化综合性藏医院，在国家藏医药服务和科技创新体系中发挥示范带动作用。

（五）开展藏药资源保护与利用和藏医药知识产权保护研究

国家中医药管理局支持西藏自治区开展本辖区内藏药资源情况调查研究，开展藏药中的濒危动植物药材的保护利用和珍惜藏药材资源的人工栽培技术及类效品研究，争取中央财政对藏药药源基地建设给予投入。重视藏医药知识产权保护研究，指导制定藏医药知识产权保护政策。

（六）加强藏医药法规和标准化建设

支持西藏自治区根据《民族区域自治法》及有关民族医药规定，结合本地实际情况，制定地方性法规，推动藏医药学的保护、传承和发展及管理步入规范化法制化轨道。指导西藏遵循藏医特点，开展藏医药标准化、规范化建设，逐步建立规范、统一和科学的藏医药标准体系。国家中医药管理局支持西藏自治区筹建藏医药标准化研究推广基地，并加强对藏医药专家标准化知识的培训。

（七）加强藏医药文化建设

支持西藏自治区采取有效措施保护和利用藏医药文化遗产，开展藏医药古籍和文化遗产普查登记，做好藏医药非物质文化遗产保护和传承工作。充分发掘藏医药文化资源，开发藏医药文化产品，打造藏医药文化品牌，建立藏医药文化园。

（八）扩大藏医药对外交流与合作

支持西藏自治区开展多渠道、多层次的藏医药国内外交流与合作，推动藏医药政府及民间的合作，积极与世界各国特别是周边国家开展医疗、教育和科研合作，通过人员交流、召开国际学术会议、出版外文藏医药学术刊物等，加强藏医药特色诊疗技术、科研成果对外宣传和交流，不断扩大藏医药的国际影响。积极支持西藏藏医药学习、吸收、运用国内外先进技术和管理经验，进行藏医药研究开发，促进藏医药的发展。

（九）制定藏医药事业发展"十二五"规划

支持并指导西藏自治区制定全区藏医药事业发展"十二五"规划。

三、保障措施

（一）紧密协作，分步实施

国家中医药管理局相关部门应将实施计划列入"十二五"中医药事业发展规划和局年度工作要点。西藏自治区应加强藏医药管理部门建设，及时向国家中医药管理局通报项目实施情况，定期报告项目实施效果。国家中医药管理局适时对相关项目实施效果进行评价，不断总结经验，推动工作。

（二）强化指导，提高效率

国家中医药管理局和西藏自治区互派管理人员进行挂职锻炼，组织专家或联系发达地区加强对西藏自治区的项目培训、人才培养和技术指导，加强项目执行检查督导。西藏自治区负责项目的具体组织实施，规范项目和专项资金管理，确保项目质量和实施进度，提高资金使用效益。

（三）明确分工，共同推进

国家中医药管理局办公室负责将本意见中所涉及的任务分解到有关部门和单位。有关部门和单位要根据任务分解表，制定任务落实方案并与西藏自治区有关方面及时衔接，共同推进任务的落实。

三、《中药材保护和发展规划（2015—2020年）》【国办发〔2015〕27号】

内容节选：（1）实施野生中药材资源保护工程。开展第四次全国中药资源普查。在全国中药资源普查试点工作基础上，开展第四次全国中药资源普查工作，摸清中药资源家底。建立全国中药资源动态监测网络。建立覆盖全国中药材主要产区的资源监测网络，掌握资源动态变化，及时提供预警信息。建立中药种质资源保护体系。建设濒危野生药用动植物保护区、药用动植物园、药用动植物种质资源库，保护药用种质资源及生物多样性。（2）实施优质中药材生产工程。建设濒危稀缺中药材种植养殖基地。重点针对资源紧缺、濒危野生中药材，按照相关物种采种规范，加快人工繁育，降低对野生资源的依赖程度。建设大宗优质中药材生产基地。建设常用大宗中药材规范化、规模化、产业化基地，鼓励野生抚育和利用山地、林地、荒地、沙漠建设中药材种植养殖生态基地，保障中成药大品种和中药饮片的原料供应。建设中药材良种繁育基地。推广使用优良品种，推动制订中药材种子种苗标准，在适宜产区开展标准化、规模化、产业化的种子种苗繁育，从源头保证优质中药材生产。发展中药材产区经济。推进中药材产地初加工标准化、规模化、集约化，鼓励中药生产企业向中药材产地延伸产业链，开展趁鲜切制和精深加工。提高中药材资源综合利用水平，发展中药材绿色循环经济。突出区域特色，打造品牌中药材。（3）实施中药材技术创新行动。强化中药材基础研究。开展中药材生长发育特性、药效成分形成及其与环境条件的关联性研究，深入分析中药材道地性成因，完善中药材生产的基础理论，指导中药材科学生产。继承创新传统中药材生产技术。挖掘和继承道地中药材生产和产地加工技术，结合现代农业生物技术创新提升，形成优质中药材标准化生产和产地加工技术规范，加大在适宜地区推广应用的力度。突破濒危稀缺中药材繁育技术。综合运用传统繁育方法与现代生物技术，突破一批濒危稀缺中药材的繁育瓶颈，支撑濒危稀缺中药材种植养殖基地建设。发展中药材现代化生产技术。选育优良品种，研发病虫草害绿色防治技术，发展中药材精准作业、生态种植养殖、机械化生产和现代加工等技术，提升中药材现代化生产水平。促进中药材综合开发利用。充分发挥中药现代化科技产业基地优势，加强协同创新，积极开展中药材功效的科学内涵研究，为开发相关健康产品提供技术支撑。（4）构建中药材质量保障体系。提高和完善中药材标准；完善中药材生产、经营质量管理规范；建立覆盖主要中药材品种的全过程追溯体系；完善中药材质量检验检测体系。（5）构建中药材生产服务体系。建设生产技术服务网络；建设生产信息服务平台；加强中药材供应保障。（6）构建中药材现代流通体系。完善中药材流通行业规范；建设中药材现代物流体系。

四、《中医药健康服务发展规划（2015—2020年）》【国办发〔2015〕32号】

内容节选：促进中药资源可持续发展。大力实施中药材生产质量管理规范（GAP），扩大中药材种植和贸易。促进中药材种植业绿色发展，加快推动中药材优良品种筛选和无公害规范种植，健全中药材行业规范，加强中药资源动态监测与保护，建设中药材追溯系统，打造精品中药材。开展中药资源出口贸易状况监测与调查，保护重要中药资源和生物多样性。

五、《中医药发展战略规划纲要（2016—2030年）》【国发〔2016〕15号】

内容节选：（1）促进民族医药发展。将民族医药发展纳入民族地区和民族自治地方经济社会发展规划，加强民族医医疗机构建设，支持有条件的民族自治地方举办民族医医院，鼓励民族地区各类医疗卫生机构设立民族医药科，鼓励社会力量举办民族医医院和诊所。加强民族医药传承保护、理论研究和文献的抢救与整理。推进民族药标准建设，提高民族药质量，加大开发推广力度，促进民族药产业发展。（2）加强中药资源保护利用。实施野生中药材资源保护工程，完善中药材资源分级保护、野生中药材物种分级保护制度，建立濒危野生药用动植物保护区、野生中药材资源培育基地和濒危稀缺中药材种植养殖基地，加强珍稀濒危野生药用动植物保护、繁育研究。建立国家级药用动植物种质资源库。建立普查和动态监测相结合的中药材资源调查制度。在国家医药储备中，进一步完善中药材及中药饮片储备。鼓励社会力量投资建立中药材科技园、博物馆和药用动植物园等保育基地。探索荒漠化地区中药材种植生态经济示范区建设。（3）推进中药材规范化种植养殖。制定中药材主产区种植区域规划。制定国家道地药材目录，加强道地药材良种繁育基地和规范化种植养殖基地建设。促进中药材种植养殖业绿色发展，制定中药材种植养殖、采集、储藏技术标准，加强对中药材种植养殖的科学引导，大力发展中药材种植养殖专业合作社和合作联社，提高规模化、规范化水平。支持发展中药材生产保险。建立完善中药材原产地标记制度。实施贫困地区中药材产业推进行动，引导贫困户以多种方式参与中药材生产，推进精准扶贫。

六、《中医药发展"十三五"规划》【国中医药规财发〔2016〕25号】

内容节选：（1）将民族医药发展纳入民族地区和民族自治地方经济社会发展规划，加强民族医医疗机构建设，鼓励有条件的民族自治地方举办民族医医院，鼓励民族地区各类医疗卫生机构设立民族医药科，鼓励社会力量举办民族医医院和诊所。加强民族医医院内涵建设，支持民族医特色专科建设与发展。结合民族医药发展现状和自身特点建立并完善民族医药从业人员执业准入及管理制度。加强民族医药传承保护、理论研究和文献的抢救与整理。加强民族医药人才培养，有条件的民族地区和高等院校开办民族医药专业，开展民族医药研究生教育。推进民族药标准建设，提高民族药质量，促进民族药产业发展。（2）加强中药资源保护和利用。建立中药种质资源保护体系。开展第四次全国中药资源普查，建立覆盖全国中药材主要产区的资源监测网络。突破一批濒危稀缺中药材的繁育技术瓶颈。保护药用种质资源和生物多样性。促进中药制剂原料精细化利用和生产过程资源回收利用，有效提升中药资源利用率。开展中成药和中药饮片临床综合评价试点。建设一批集初加工、仓储、追溯等多功能为一体的中药材物流基地，建立中药材生产流通全过程质量管理和质量追溯体系。（3）促进中药材种植养殖业绿色发展。制定国家道地药材目录，加强道地药材良种繁育基地和规范化种植养殖基地建设，发展道地中药材生产和产地加工技术。制定中药材种植养殖、采集、储藏技术标准，利用有机、良好农业规范等认证手段加强对中药材种植养殖的科学引导，发展中药材种植养殖专业合作社和合作联社，提高规模化、规范化水平。支持发展中药材生产保险。推动贫困地区中药材产业化精准扶贫。

七、《民族医药"十三五"科技发展规划纲要》【国中医药科技发〔2016〕27号】

内容节选：民族药资源可持续发展研究。以促进民族药资源可持续发展为目标，组织民族药品种整理与质量标准研究，继续开展民族药资源调查和资源信息库建设，构建民族药种质资源库，开展民族药种质资源评价、民族药材繁育与生产加工技术研究，为民族药资源的科学管理、合理保护与利用提供支撑，促进民族药生产模式转变、技术进步与产业发展。

八、《中华人民共和国中医药法》【2017年7月1日起施行】

中华人民共和国中医药法

目　录

第一章　总则

第一条　为了继承和弘扬中医药，保障和促进中医药事业发展，保护人民健康，制定本法。

第二条　本法所称中医药，是包括汉族和少数民族医药在内的我国各民族医药的统称，是反映中华民族对生命、健康和疾病的认识，具有悠久历史传统和独特理论及技术方法的医药学体系。

第三条　中医药事业是我国医药卫生事业的重要组成部分。国家大力发展中医药事业，实行中西医并重的方针，建立符合中医药特点的管理制度，充分发挥中医药在我国医药卫生事业中的作用。

发展中医药事业应当遵循中医药发展规律，坚持继承和创新相结合，保持和发挥中医药特色和优势，运用现代科学技术，促进中医药理论和实践的发展。

国家鼓励中医西医相互学习，相互补充，协调发展，发挥各自优势，促进中西医结合。

第四条　县级以上人民政府应当将中医药事业纳入国民经济和社会发展规划，建立健全中医药管理体系，统筹推进中医药事业发展。

第五条　国务院中医药主管部门负责全国的中医药管理工作。国务院其他有关部门在各自职责范围内负责与中医药管理有关的工作。

县级以上地方人民政府中医药主管部门负责本行政区域的中医药管理工作。县级以上地方人民政府其他有关部门在各自职责范围内负责与中医药管理有关的工作。

第六条　国家加强中医药服务体系建设，合理规划和配置中医药服务资源，为公民获得中医药服务提供保障。

国家支持社会力量投资中医药事业，支持组织和个人捐赠、资助中医药事业。

第七条　国家发展中医药教育，建立适应中医药事业发展需要、规模适宜、结构合理、形式多样的中医药教育体系，培养中医药人才。

第八条　国家支持中医药科学研究和技术开发，鼓励中医药科学技术创新，推广应用中医药科学技术成果，保护中医药知识产权，提高中医药科学技术水平。

第九条　国家支持中医药对外交流与合作，促进中医药的国际传播和应用。

第十条　对在中医药事业中做出突出贡献的组织和个人，按照国家有关规定给予表彰、奖励。

第二章　中医药服务

第十一条　县级以上人民政府应当将中医医疗机构建设纳入医疗机构设置规划，举办规模适宜的中医医疗机构，扶持有中医药特色和优势的医疗机构发展。

合并、撤销政府举办的中医医疗机构或者改变其中医医疗性质，应当征求上一级人民政府中医药主管部门的意见。

第十二条　政府举办的综合医院、妇幼保健机构和有条件的专科医院、社区卫生服务中心、乡镇卫生院，应当设置中医药科室。

县级以上人民政府应当采取措施，增强社区卫生服务站和村卫生室提供中医服务的能力。

第十三条　国家支持社会力量举办中医医疗机构。

社会力量举办的中医医疗机构在准入、执业、基本医疗保险、科研教学、医务人员职称评定等方面享有与政府举办的中医医疗机构同等的权利。

第十四条　举办中医医疗机构应当按照国家有关医疗机构管理的规定办理审批手续，并遵守医疗机构管理的有关规定。

举办中医诊所的，将诊所的名称、地址、诊疗范围、人员配备情况等报所在地县级人民政府中医药主管部门备案后即可开展执业活动。中医诊所应当将本诊所的诊疗范围、中医医师的姓名及其执业范围在诊所的明显位置公示，不得超出备案范围开展医疗活动。具体办法由国务院中医药主管部门拟订，报国务院卫生行政部门审核、发布。

第十五条　从事中医医疗活动的人员应当依照《中华人民共和国执业医师法》的规

定，通过中医医师资格考试取得中医医师资格，并进行执业注册。中医医师资格考试的内容应当体现中医药特点。

以师承方式学习中医或者经多年实践，医术确有专长的人员，由至少两名中医医师推荐，经省、自治区、直辖市人民政府中医药主管部门组织实践技能和效果考核合格后，即可取得中医医师资格；按照考核内容进行执业注册后，即可在注册的执业范围内，以个人开业的方式或者在医疗机构内从事中医医疗活动。国务院中医药主管部门应当根据中医药技术方法的安全风险拟订本款规定人员的分类考核办法，报国务院卫生行政部门审核、发布。

第十六条　中医医疗机构配备医务人员应当以中医药专业技术人员为主，主要提供中医药服务；经考试取得医师资格的中医医师按照国家有关规定，经培训、考核合格后，可以在执业活动中采用与其专业相关的现代科学技术方法。在医疗活动中采用现代科学技术方法的，应当有利于保持和发挥中医药特色和优势。

社区卫生服务中心、乡镇卫生院、社区卫生服务站以及有条件的村卫生室应当合理配备中医药专业技术人员，并运用和推广适宜的中医药技术方法。

第十七条　开展中医药服务，应当以中医药理论为指导，运用中医药技术方法，并符合国务院中医药主管部门制定的中医药服务基本要求。

第十八条　县级以上人民政府应当发展中医药预防、保健服务，并按照国家有关规定将其纳入基本公共卫生服务项目统筹实施。

县级以上人民政府应当发挥中医药在突发公共卫生事件应急工作中的作用，加强中医药应急物资、设备、设施、技术与人才资源储备。

医疗卫生机构应当在疾病预防与控制中积极运用中医药理论和技术方法。

第十九条　医疗机构发布中医医疗广告，应当经所在地省、自治区、直辖市人民政府中医药主管部门审查批准；未经审查批准，不得发布。发布的中医医疗广告内容应当与经审查批准的内容相符合，并符合《中华人民共和国广告法》的有关规定。

第二十条　县级以上人民政府中医药主管部门应当加强对中医药服务的监督检查，并将下列事项作为监督检查的重点：

（一）中医医疗机构、中医医师是否超出规定的范围开展医疗活动；

（二）开展中医药服务是否符合国务院中医药主管部门制定的中医药服务基本要求；

（三）中医医疗广告发布行为是否符合本法的规定。

中医药主管部门依法开展监督检查，有关单位和个人应当予以配合，不得拒绝或者阻挠。

第三章　中药保护与发展

第二十一条　国家制定中药材种植养殖、采集、贮存和初加工的技术规范、标准，加强对中药材生产流通全过程的质量监督管理，保障中药材质量安全。

第二十二条　国家鼓励发展中药材规范化种植养殖，严格管理农药、肥料等农业投入品的使用，禁止在中药材种植过程中使用剧毒、高毒农药，支持中药材良种繁育，提高中药材质量。

第二十三条　国家建立道地中药材评价体系，支持道地中药材品种选育，扶持道地中药材生产基地建设，加强道地中药材生产基地生态环境保护，鼓励采取地理标志产品保护等措施保护道地中药材。

前款所称道地中药材，是指经过中医临床长期应用优选出来的，产在特定地域，与其他地区所产同种中药材相比，品质和疗效更好，且质量稳定，具有较高知名度的中药材。

第二十四条　国务院药品监督管理部门应当组织并加强对中药材质量的监测，定期向社会公布监测结果。国务院有关部门应当协助做好中药材质量监测有关工作。

采集、贮存中药材以及对中药材进行初加工，应当符合国家有关技术规范、标准和管理规定。

国家鼓励发展中药材现代流通体系，提高中药材包装、仓储等技术水平，建立中药材流通追溯体系。药品生产企业购进中药材应当建立进货查验记录制度。中药材经营者应当建立进货查验和购销记录制度，并标明中药材产地。

第二十五条　国家保护药用野生动植物资源，对药用野生动植物资源实行动态监测和定期普查，建立药用野生动植物资源种质基因库，鼓励发展人工种植养殖，支持依法开展珍贵、濒危药用野生动植物的保护、繁育及其相关研究。

第二十六条　在村医疗机构执业的中医医师、具备中药材知识和识别能力的乡村医生，按照国家有关规定可以自种、自采地产中药材并在其执业活动中使用。

第二十七条　国家保护中药饮片传统炮制技术和工艺，支持应用传统工艺炮制中药饮片，鼓励运用现代科学技术开展中药饮片炮制技术研究。

第二十八条　对市场上没有供应的中药饮片，医疗机构可以根据本医疗机构医师处方的需要，在本医疗机构内炮制、使用。医疗机构应当遵守中药饮片炮制的有关规定，对其炮制的中药饮片的质量负责，保证药品安全。医疗机构炮制中药饮片，应当向所在地设区的市级人民政府药品监督管理部门备案。

根据临床用药需要，医疗机构可以凭本医疗机构医师的处方对中药饮片进行再加工。

第二十九条　国家鼓励和支持中药新药的研制和生产。

国家保护传统中药加工技术和工艺，支持传统剂型中成药的生产，鼓励运用现代科学技术研究开发传统中成药。

第三十条　生产符合国家规定条件的来源于古代经典名方的中药复方制剂，在申请药品批准文号时，可以仅提供非临床安全性研究资料。具体管理办法由国务院药品监督管理部门会同中医药主管部门制定。

前款所称古代经典名方，是指至今仍广泛应用、疗效确切、具有明显特色与优势的古代中医典籍所记载的方剂。具体目录由国务院中医药主管部门会同药品监督管理部门制定。

第三十一条　国家鼓励医疗机构根据本医疗机构临床用药需要配制和使用中药制剂，支持应用传统工艺配制中药制剂，支持以中药制剂为基础研制中药新药。

医疗机构配制中药制剂，应当依照《中华人民共和国药品管理法》的规定取得医疗机构制剂许可证，或者委托取得药品生产许可证的药品生产企业、取得医疗机构制剂许可证的其他医疗机构配制中药制剂。委托配制中药制剂，应当向委托方所在地省、自治区、直辖市人民政府药品监督管理部门备案。

医疗机构对其配制的中药制剂的质量负责；委托配制中药制剂的，委托方和受托方对所配制的中药制剂的质量分别承担相应责任。

第三十二条　医疗机构配制的中药制剂品种，应当依法取得制剂批准文号。但是，仅应用传统工艺配制的中药制剂品种，向医疗机构所在地省、自治区、直辖市人民政府药品监督管理部门备案后即可配制，不需要取得制剂批准文号。

医疗机构应当加强对备案的中药制剂品种的不良反应监测，并按照国家有关规定进行报告。药品监督管理部门应当加强对备案的中药制剂品种配制、使用的监督检查。

第四章　中医药人才培养

第三十三条　中医药教育应当遵循中医药人才成长规律，以中医药内容为主，体现中医药文化特色，注重中医药经典理论和中医药临床实践、现代教育方式和传统教育方式相结合。

第三十四条　国家完善中医药学校教育体系，支持专门实施中医药教育的高等学校、中等职业学校和其他教育机构的发展。

中医药学校教育的培养目标、修业年限、教学形式、教学内容、教学评价及学术水平评价标准等，应当体现中医药学科特色，符合中医药学科发展规律。

第三十五条　国家发展中医药师承教育，支持有丰富临床经验和技术专长的中医医师、中药专业技术人员在执业、业务活动中带徒授业，传授中医药理论和技术方法，培养中医药专业技术人员。

第三十六条　国家加强对中医医师和城乡基层中医药专业技术人员的培养和培训。

国家发展中西医结合教育，培养高层次的中西医结合人才。

第三十七条　县级以上地方人民政府中医药主管部门应当组织开展中医药继续教育，加强对医务人员，特别是城乡基层医务人员中医药基本知识和技能的培训。

中医药专业技术人员应当按照规定参加继续教育，所在机构应当为其接受继续教育创造条件。

第五章　中医药科学研究

第三十八条　国家鼓励科研机构、高等学校、医疗机构和药品生产企业等，运用现代科学技术和传统中医药研究方法，开展中医药科学研究，加强中西医结合研究，促进中医药理论和技术方法的继承和创新。

第三十九条　国家采取措施支持对中医药古籍文献、著名中医药专家的学术思想和诊疗经验以及民间中医药技术方法的整理、研究和利用。

国家鼓励组织和个人捐献有科学研究和临床应用价值的中医药文献、秘方、验方、诊疗方法和技术。

第四十条　国家建立和完善符合中医药特点的科学技术创新体系、评价体系和管理体制，推动中医药科学技术进步与创新。

第四十一条　国家采取措施，加强对中医药基础理论和辨证论治方法，常见病、多发病、慢性病和重大疑难疾病、重大传染病的中医药防治，以及其他对中医药理论和实践发展有重大促进作用的项目的科学研究。

第六章　中医药传承与文化传播

第四十二条　对具有重要学术价值的中医药理论和技术方法，省级以上人民政府中医药主管部门应当组织遴选本行政区域内的中医药学术传承项目和传承人，并为传承活动提供必要的条件。传承人应当开展传承活动，培养后继人才，收集整理并妥善保存相关的学术资料。属于非物质文化遗产代表性项目的，依照《中华人民共和国非物质文化遗产法》的有关规定开展传承活动。

第四十三条　国家建立中医药传统知识保护数据库、保护名录和保护制度。

中医药传统知识持有人对其持有的中医药传统知识享有传承使用的权利，对他人获取、利用其持有的中医药传统知识享有知情同意和利益分享等权利。

国家对经依法认定属于国家秘密的传统中药处方组成和生产工艺实行特殊保护。

第四十四条　国家发展中医养生保健服务，支持社会力量举办规范的中医养生保健机构。中医养生保健服务规范、标准由国务院中医药主管部门制定。

第四十五条　县级以上人民政府应当加强中医药文化宣传，普及中医药知识，鼓励组织和个人创作中医药文化和科普作品。

第四十六条　开展中医药文化宣传和知识普及活动，应当遵守国家有关规定。任何组织或者个人不得对中医药作虚假、夸大宣传，不得冒用中医药名义牟取不正当利益。

广播、电视、报刊、互联网等媒体开展中医药知识宣传，应当聘请中医药专业技术人员进行。

第七章　保障措施

第四十七条　县级以上人民政府应当为中医药事业发展提供政策支持和条件保障，将中医药事业发展经费纳入本级财政预算。

县级以上人民政府及其有关部门制定基本医疗保险支付政策、药物政策等医药卫生政策，应当有中医药主管部门参加，注重发挥中医药的优势，支持提供和利用中医药服务。

第四十八条　县级以上人民政府及其有关部门应当按照法定价格管理权限，合理确定中医医疗服务的收费项目和标准，体现中医医疗服务成本和专业技术价值。

第四十九条　县级以上地方人民政府有关部门应当按照国家规定，将符合条件的中医医疗机构纳入基本医疗保险定点医疗机构范围，将符合条件的中医诊疗项目、中药饮片、中成药和医疗机构中药制剂纳入基本医疗保险基金支付范围。

第五十条　国家加强中医药标准体系建设，根据中医药特点对需要统一的技术要求制定标准并及时修订。

中医药国家标准、行业标准由国务院有关部门依据职责制定或者修订，并在其网站上公布，供公众免费查阅。

国家推动建立中医药国际标准体系。

第五十一条　开展法律、行政法规规定的与中医药有关的评审、评估、鉴定活动，应当成立中医药评审、评估、鉴定的专门组织，或者有中医药专家参加。

第五十二条　国家采取措施，加大对少数民族医药传承创新、应用发展和人才培养的扶持力度，加强少数民族医疗机构和医师队伍建设，促进和规范少数民族医药事业发展。

第八章　法律责任

第五十三条　县级以上人民政府中医药主管部门及其他有关部门未履行本法规定的职责的，由本级人民政府或者上级人民政府有关部门责令改正；情节严重的，对直接负责的主管人员和其他直接责任人员，依法给予处分。

第五十四条　违反本法规定，中医诊所超出备案范围开展医疗活动的，由所在地县级人民政府中医药主管部门责令改正，没收违法所得，并处一万元以上三万元以下罚款；情节严重的，责令停止执业活动。

中医诊所被责令停止执业活动的，其直接负责的主管人员自处罚决定作出之日起五年内不得在医疗机构内从事管理工作。医疗机构聘用上述不得从事管理工作的人员从事管理工作的，由原发证部门吊销执业许可证或者由原备案部门责令停止执业活动。

第五十五条　违反本法规定，经考核取得医师资格的中医医师超出注册的执业范围从事医疗活动的，由县级以上人民政府中医药主管部门责令暂停六个月以上一年以下执业活动，并处一万元以上三万元以下罚款；情节严重的，吊销执业证书。

第五十六条　违反本法规定，举办中医诊所、炮制中药饮片、委托配制中药制剂应当备案而未备案，或者备案时提供虚假材料的，由中医药主管部门和药品监督管理部门按照各自职责分工责令改正，没收违法所得，并处三万元以下罚款，向社会公告相关信息；拒不改正的，责令停止执业活动或者责令停止炮制中药饮片、委托配制中药制剂活动，其直接责任人员五年内不得从事中医药相关活动。

医疗机构应用传统工艺配制中药制剂未依照本法规定备案，或者未按照备案材料载明的要求配制中药制剂的，按生产假药给予处罚。

第五十七条　违反本法规定，发布的中医医疗广告内容与经审查批准的内容不相符的，由原审查部门撤销该广告的审查批准文件，一年内不受理该医疗机构的广告审查申请。

违反本法规定，发布中医医疗广告有前款规定以外违法行为的，依照《中华人民共和国广告法》的规定给予处罚。

第五十八条　违反本法规定，在中药材种植过程中使用剧毒、高毒农药的，依照有关法律、法规规定给予处罚；情节严重的，可以由公安机关对其直接负责的主管人员和其他直接责任人员处五日以上十五日以下拘留。

第五十九条　违反本法规定，造成人身、财产损害的，依法承担民事责任；构成犯罪的，依法追究刑事责任。

第九章　附则

第六十条　中医药的管理，本法未作规定的，适用《中华人民共和国执业医师法》、《中华人民共和国药品管理法》等相关法律、行政法规的规定。

军队的中医药管理，由军队卫生主管部门依照本法和军队有关规定组织实施。

第六十一条　民族自治地方可以根据《中华人民共和国民族区域自治法》和本法的有关规定，结合实际，制定促进和规范本地方少数民族医药事业发展的办法。

第六十二条　盲人按照国家有关规定取得盲人医疗按摩人员资格的，可以以个人开业的方式或者在医疗机构内提供医疗按摩服务。

第六十三条　本法自2017年7月1日起施行。

藏医药产业是西藏自治区六大特色支柱产业之一，在服务高原大众健康的同时，其产业发展受到自治区政府高度关注与重视。在西藏自治区卫生健康委员会、西藏自治区科学技术厅、西藏自治区农牧厅、西藏自治区工业和信息化厅等多部门都有关于藏医药产业发展的相应内容，并有相应的经费支持，用于助推本区藏医药产业发展。在此，列出三个与藏药材资源密切相关的地方法规与办法，旨在为药企、药农开展药材种植时提供参考。

一、《西藏自治区冬虫夏草采集管理暂行办法》【2006年4月1日起施行】

西藏自治区冬虫夏草采集管理暂行办法

第一章　总则

第一条　为了规范冬虫夏草（以下简称"虫草"）采集秩序，维护、改善草原生态环境，根据《中华人民共和国草原法》《中华人民共和国野生植物保护条例》和其他相关法律、法规的规定，结合自治区实际，制定本办法。

第二条　在自治区行政区域内采集虫草、管理采集活动、保护虫草资源应当遵守本办法。

第三条　县级以上人民政府及有关部门应当按照依法保护、科学规划、合理利用、规范采集和促进农牧民增收的原则，对虫草采集活动实施管理，实现经济效益、环境效益和社会效益的统一。

第四条　自治区各级农牧行政主管部门负责本行政区域的虫草采集管理、虫草资源保护工作。

虫草产区县（市、区）环境保护、公安、食品药品监督、工商、林业等部门和乡（镇）人民政府，应当在各自职责范围内做好虫草采集管理、虫草资源保护工作。

第五条　虫草产区地（市）、县（市、区）、乡（镇）人民政府应当建立健全虫草资源保护和采集管理责任制。

虫草产区县（市、区）、乡（镇）人民政府应当加强对虫草采集人员的管理和教育，提高其保护草原生态环境和虫草资源的意识。

第六条　各地（市）、县（市、区）人民政府应当按照注重现实、尊重历史的原则，妥善处理相邻省（区）、县（市、区）、乡（镇）群众采挖虫草过程中发生的矛盾，维护好社会秩序，促进经济发展和社会稳定。

第二章　虫草资源管理

第七条　自治区农牧行政主管部门应当根据各地虫草资源普查情况，编制全区虫草资源开发与保护规划。

虫草产区县（市、区）农牧行政主管部门应当根据自治区虫草资源开发与保护规划，编制本地虫草资源开发与保护规划，经所在地县（市、区）人民政府审核，并经地（市）行署（人民政府）批准，报自治区农牧行政主管部门备案。

第八条　自然保护区内核心区的草原为虫草禁采区。有草原使用权争议纠纷的区域，争议双方协商处理。协商不成的，按禁采区处理。

第九条　虫草产区县（市、区）农牧行政主管部门，应当根据本地虫草资源开发与保护规划、历年虫草采集情况，制定虫草采集计划。

虫草采集年度计划应当科学、合理地确定虫草采集区域、采集面积、计划采集量、适宜采集量、采集人员数量、采集期限和禁采区域以及相关保障措施。

第十条　虫草产区县（市、区）农牧行政主管部门在制定虫草采集年度计划时，应当协调处理好与草场承包者、使用者的利益关系。

第三章　采集管理

第十一条　采集虫草应当取得采集证。采集证的发放对象为虫草产区县域范围内当地群众，因历史传统跨县域采集虫草的，由相邻县级人民政府协商解决。

采集证应当载明持证人及其相关身份资料、采集区域和地点、有效期限和环境保护措施等内容。

第十二条　虫草采集实行一人一证。采集证由虫草产区县（市、区）农牧行政主管部门委托乡（镇）人民政府发放。

申请采集虫草应当向虫草产区乡（镇）人民政府提出申请，由乡（镇）人民政府按照公开、公平、公正的原则，依照申请人所提申请的先后顺序审核发放采集证。

禁止无证采集或者在禁采区采集虫草。

第十三条　虫草采集证由虫草产区县（市、区）农牧行政主管部门按照国家和自治区规定的格式印制。发放虫草采集证，除依法缴纳草原植被恢复费外，不得收取任何费用。

采集证不得伪造、倒卖、涂改、转让、出租、出借。

第十四条　虫草采集人员申办虫草采集证时，依法缴纳草原植被恢复费。具体缴纳标准，由自治区价格主管部门和财政部门商自治区农牧行政主管部门确定公布。

第十五条　虫草采集人员应当服从虫草产区县（市、区）农牧行政主管部门、乡（镇）人民政府和村民委员会的管理，按照采集证的规定进行采集。

第十六条　虫草采集人员应当保护草原生态环境和草原建设设施，并遵守下列规定：

（一）尊重虫草采集地的风俗习惯；

（二）设立居住点不得破坏草原植被；

（三）采集虫草对草皮随挖随填；

（四）不得使用对草原植被具有破坏性的虫草采集工具；

（五）不得毁坏草原、畜牧业建设设施；

（六）不得砍挖灌木、挖草皮、掘壕沟、采挖其他野生珍稀植物、防风固沙植物；

（七）不得非法猎捕野生动物；

（八）做好生活垃圾的及时处理；

（九）遵守虫草产区县（市、区）人民政府的有关规定。

第四章　监督检查

第十七条　自治区农牧行政主管部门应当对虫草产区县（市、区）人民政府落实本地虫草资源开发与保护规划情况进行监督检查。

虫草产区县（市、区）农牧、环境保护等行政主管部门和乡（镇）人民政府应当加强执法监督，查处违法采集虫草和破坏草原生态环境的行为。

第十八条　虫草产区地（市）、县（市、区）人民政府应当制定有关突发性公共事件处置预案，及时调解处理虫草采集活动中的纠纷。

虫草产区地（市）、县（市、区）公安机关和卫生部门，在虫草采集期应当采取有效措施，加强治安防范和卫生防疫等工作，防止突发性公共事件发生。非虫草产区乡（镇）人民政府应当加强对本行政区域内虫草采集人员的组织管理和教育，协助虫草采集地的乡（镇）人民政府做好突发性公共事件的处置工作。

第十九条　草原承包者、使用者有权对违法采集虫草、破坏草原生态环境和草原畜牧业建设设施的行为进行劝告，并向所在地乡（镇）人民政府报告。

第二十条　任何单位和个人不得拒绝或者阻挠农牧行政主管部门执法人员依法监督检查。执法人员在依法履行监督检查职责时，有权采取下列措施：

（一）查验采集证；

（二）进入虫草采集现场实施勘测、拍照、摄像等监督检查；

（三）没收破坏草场的采挖工具；

（四）对采挖后不回填的，责令立即回填；

（五）依法责令虫草采集人员停止违反草原管理的行为。

第二十一条　虫草产区地（市）、县（市、区）财政、审计部门对虫草采集证的发放和草原植被恢复费收支情况进行监督检查。

第五章　法律责任

第二十二条　违反本办法规定，未取得采集证或者未按照采集证规定采集虫草的，由虫草产区县（市、区）农牧行政主管部门责令其停止采集行为，没收违法采集的虫草和违法所得，可以并处违法所得1倍以上5倍以下的罚款；有采集证的，可以由发证机关吊销其采集证。

在禁采区内采集虫草的，由虫草产区县级农牧行政主管部门责令其停止采集行为，没收违法采集的虫草和违法所得，可以并处违法所得6倍以上10倍以下的罚款；有采集证的，可以由发证机关吊销其采集证。

第二十三条　伪造、倒卖、涂改、转让、出租、出借采集证的，由虫草产区县（市、区）农牧行政主管部门或者工商行政管理部门按照职责分工收缴，没收违法所得，可以并处1万元以上5万元以下的罚款；没有违法所得的，处以1000元以上5000元以下的罚款。

第二十四条　违反本办法规定，造成草原植被或者生态环境破坏的，由发证机关吊销其采集证，并由虫草产区县（市、区）农牧行政主管部门责令其停止违法行为，限期恢复植被，没收非法财物和违法所得。逾期拒不恢复植被的，指定有关单位和个人代为恢复植被，所花费用由责任人承担，可以并处违法所得1倍以上3倍以下的罚款，但最高不得超过2万元。没有违法所得的，处以1000元以上5000元以下的罚款。给草原所有者或者使用者造成损失的，依法承担赔偿责任。

违反本办法规定，造成森林、林木和林地破坏的，由林业行政主管部门依照《中华人民共和国森林法》和其他相关法律法规的规定予以处罚。

第二十五条　违反本办法规定，虫草产区人民政府或者有关部门不落实突发性公共事件处置预案或者不采取措施及时、依法处置突发性公共事件，造成后果的，由上级人民政府予以通报批评、责令改正，并追究主要负责人的行政责任。

第二十六条　农牧行政主管部门以及乡（镇）人民政府工作人员滥用职权、玩忽职守、徇私舞弊，尚不构成犯罪的，依法给予行政处分；构成犯罪的，依法追究刑事责任。

第二十七条　当事人对行政处罚决定不服的，可以申请行政复议或者提起诉讼。逾期不申请复议、不提起诉讼，又不执行处罚决定的，由作出处罚决定的机关申请人民法院强制执行。

第六章　附则

第二十八条　虫草产区县（市、区）人民政府可以根据本办法，结合本地实际，制定实施细则，报自治区农牧行政主管部门备案。

第二十九条　本办法自2006年4月1日起施行。

二、《关于进一步扶持和促进藏医药事业发展的意见》【藏政发〔2010〕68号】

为贯彻落实中央第五次西藏工作座谈会精神，根据中共中央、国务院《关于深化医药卫生体制改革的意见》（中发〔2009〕6号）、国务院《关于扶持和促进中医药事业发展的若干意见》（国发〔2009〕22号）以及国家中医药管理局等十一部委《关于切实加强民族医药事业发展的指导意见》（国中医药发〔2007〕48号）要求，结合西藏实际，就进一步扶持与促进藏医药事业发展提出以下意见。

一、充分认识扶持与促进藏医药事业发展的重要性和必要性

（一）藏医药学是我区优秀的民族文化资源。藏医药起源于西藏，有着悠久的发展历史、鲜明的民族特色、独特的诊疗方法、系统的理论体系和浩瀚的文献典籍，是祖国医药学宝库和中华民族文化的重要组成部分，是我国最为完整、最具影响的民族医药学之一。继承、发展藏医药事业对弘扬优秀传统文化，丰富和发展祖国医药学体系，造福各族群众具有十分重要的意义。

（二）藏医药是我区重要的医疗卫生资源。长期以来，我区的藏医药、西医药和中医药相互补充、协调发展，共同担负着维护和保障人民健康的任务。藏医药临床疗效确切、预防保健作用独特、治疗方法灵活、费用低廉，是我区医疗卫生事业不可缺少的重要组成部分，也是发展的特点和优势所在。促进藏医药发展，是我区医疗卫生事业深入贯彻落实科学发展观、全面服务小康社会建设的重要途径。

（三）藏药业是我区有开发潜力的经济资源。独特的高原药材资源和悠久的历史传承赋予了我区藏药产业面向区内外发展的巨大市场空间。发展藏药产业、壮大藏药经济，是我区将资源优势转化为经济优势，深入实施"一产上水平、二产抓重点、三产大发展"经济发展战略，积极推进产业结构调整的重要抓手，对促进经济社会的跨越式发展和长治久安意义深远。

（四）藏医药发展面临难得机遇和严峻挑战。中央第五次西藏工作座谈会站在新的历史起点上，对推进西藏实现跨越式发展和长治久安作出了战略部署，明确提出要培育具有地方特色和比较优势的战略支撑产业，促进资源转化为经济优势；要加快发展医疗卫生事业，完善藏药标准体系和检验监测体系，积极推进藏药产业化。国务院《关于扶持和促进中医药事业发展的若干意见》（国发〔2009〕22号），对推动新时期藏医药事业发展提供了政策指导。由于种种原因，我区藏医药事业和藏药产业经过多年的发展，仍然面临着服务面窄、人才短缺、研发不足、技术落后、产业规模小等问题。各级政府、各有关部门务必要以强烈的责任感、使命感和紧迫感，以全面贯彻落实中央第五次西藏工作座谈会精神为契机，从夯实基础、完善机制、落实政策、深化改革、激发活力多方面入手，着力推动藏医药事业的新发展。

二、扶持与促进藏医药事业发展的指导思想和总体目标

（五）指导思想。以邓小平理论、"三个代表"重要思想为指导，深入贯彻落实科学发展观，全面贯彻落实中央第五次西藏工作座谈会精神，解放思想，转变观念，坚持继承传统与创新发展、市场竞争与政府扶持、近期目标与长远规划、重点突破与整体推进相结合，以整合资源、发展事业、做强产业、弘扬文化为总方针，坚持藏中西医并重，充分发挥藏医药特色优势，走立足传统、着眼创新、藏医藏药并举、生产流通并重，资源开发与保护建设并重、传统与现代相结合的发展道路。

（六）总体目标。建立和完善藏医医疗服务体系、藏医药人才培养体系、藏医药科研创新体系、藏药产业体系、藏医药标准体系。全面提升藏医药服务能力和创新能力，促进藏医药医疗、保健、科研、教育、产业、文化全面发展。实现全区县以上藏医医疗机构、人员、设施三配套，达到国家和自治区规定的建设标准。在地区级以上藏医院建成7—9个国家级藏医重点专科。切实加大藏医药研发力度，力争在藏医药学基础研究和藏医临床研究、濒危藏药材的种植（养殖）技术研究、藏药生产工艺技术创新等方面有所突破。力争到"十二五"末，藏药产业总产值翻一番。

三、建立健全藏医医疗服务体系

（七）健全农牧区藏医药服务网络。巩固和扩展农牧区藏医药服务领域，满足农牧区群众对藏医药的服务需求。在"十二五"期间，进一步健全县级藏医医疗服务机构，在所有乡（镇）卫生院开设藏科并配备藏医技术人员。到"十二五"末，基本形成以地（市）为龙头，县为枢纽，乡村服务点为网底的藏医医疗服务网络。

（八）完善全区藏医医疗体系。高起点、高标准建设作为国家中医临床研究基地的自治区藏医院，使之成为基础设施完备、功能结构合理、科技优势领先、藏医特色突出、传

统风格和现代气息并存的综合性藏医院，成为全国藏医医院的龙头。

地（市）级藏医院是各地（市）集医、教、研和指导基层功能为一体的藏医医疗机构，要按照《二级甲等藏医医院建设标准》，健全机构、完善功能。要根据本地群众对藏医药服务的实际需求，合理配置卫生资源。有条件的可逐步提高等级标准。

支持社会力量举办藏医医疗机构。支持有资质的藏医专业技术人员特别是名老藏医开办藏医诊所或个体行医。非公立藏医医疗机构在服务准入、监督管理、医保定点、职称评定等方面与公立藏医医疗机构享受同等待遇。

充分发挥民间藏医作用，加强对民间藏医的培训与管理，提高民间藏医药人员的服务水平、技术水平和执业素质。自治区相关部门要结合我区实际制定民间藏医的具体管理办法。

（九）强化各级藏医医疗机构业务建设，提高综合服务能力。

坚持以藏医藏药为主，加强专科（专病）建设，做到"院有专科、科有专病、病有专药"，大力推广和使用安全、有效、简便、价廉的藏医适宜技术和藏药制剂，突出藏医药特色服务。建立长效机制，积极开展城市藏医医疗机构对农牧区藏医医疗的支援和指导工作。

各级藏医医疗机构必须强化医疗安全意识，建立健全以保证医疗安全、提高医疗质量为核心的医疗质量控制体系。

加强各级藏医医疗机构的急诊急救能力建设。加强急诊急救人才培养，支持开发以藏医药理论为指导的疾病预防保健技术和产品，提升藏医药对突发公共卫生事件、突发传染病、重大疾病的预防、控制和医疗救治的能力。在突发传染病和重大疾病的防治、重大科研及新技术推广应用等方面，鼓励和支持藏医医疗机构与西医医疗机构之间密切合作，实现优势互补。

四、努力提高藏医药队伍素质

（十）推进藏医药高等教育体制改革。注重培养藏医药高层次和藏医药紧缺型、实用型人才，加强藏医药研究生教育，进一步稳定本科教育；积极开办继续教育；创造条件，开办留学生教育；努力提高藏医药人员的理论水平和学历层次。加大投入，不断改善西藏藏医学院教学基础设施、教材和师资条件，加强藏医药重点学科、重点专业和实践教学基地建设，早日把西藏藏医学院建设成博士学位授权单位，努力把西藏藏医学院逐步建设成为"西藏藏医药大学"。

（十一）完善继续教育和藏医药师承教育制度。建立和完善藏医药继续教育制度，采取多种方式，开展面向基层医生的藏医药基本知识与适宜技术培训，积极为农牧区培养实用型藏医药人才。重视在职藏医药技术人员继续教育和提高学历工作。积极开展藏医药学传承工作，鼓励和支持名老藏医药专家带徒授业，整理名老专家的学术思想、技术方法和临床经验，总结藏医师承教育工作经验并制定和落实相关政策措施。

加强行业作风建设。弘扬藏医药传统的优良医德医风，坚持"以病人为中心、以质量为核心、突出藏医药特色"的服务理念。加强对藏医药服务人员的医德医风教育，做到爱岗敬业、精益求精、开拓进取、乐于奉献、文明行医。

五、加大科研力度，推动藏医药继承与创新

（十二）大力加强藏医药科技创新。充分发挥藏医药科研机构、高等院校、医疗机构和藏药生产企业以及名老专家作用，运用现代科学技术和传统研究方法，进行多学科、多领域协作攻关，努力突破制约藏医药发展的技术瓶颈；加强产、学、研结合，加快藏医药科技成果的推广和应用，实现藏医药科技成果向现实生产力转化。

（十三）明确藏医药科研方向和重点。以保持藏医药特色和优势为前提，以继承、挖掘、整理藏医药学为基础，以提高临床疗效与藏医药整体水平为目的，以常见病、多发病为重点，以特色专科和显效方药为突破口，制定和实施藏医药科学研究中长期规划。继续开展藏医药古典文献整理研究，开展和完善藏医药技术标准化研究，加强对藏药特殊成分、特殊工艺和替代品的研究，藏医临床诊疗规范化研究，完善藏医临床技术操作规范、疗效评价标准的研究。加强藏药新药开发和濒危动植物品种的有效保护和开发利用研究；开展民间验方和适宜技术的收集与整理及传统藏药炮制技术标准化研究。注重藏医药预防和治疗突发传染病及重大疾病的临床研究工作。切实加强藏医药信息化建设。积极创造条件，整合我区藏医药科研资源，力争将西藏藏医药研究院升级为"国家级藏医药科学院"，使之成为藏医药研究和开发的重要基地。依托自治区著名藏药企业与科研机构，成立自治区藏药工程技术研究中心。

六、整合资源，打造品牌，提升藏药产业化水平

（十四）做大做强特色藏药产业。以资产为纽带，打破地区、行业和所有制界限，加大国有藏药企业改组改制力度，通过企业兼并、重组、联合等多种形式建立现代企业制度，做大做强做优藏药产业。政府和企业主管部门、有关职能部门要加大企业改组改制工作的引导和支持力度，推动企业制度创新和机制转换。支持同品种藏药资源整合，提高核心竞争力，实现集约化、集团化和现代化，提升我区藏药研发、制造基地地位。加快藏药产品结构调整，扶持名、优、新、特产品发展，努力改变藏药工业低水平、重复生产状况。实施藏药商标战略，培育有潜力的传统藏药著名商标，争创中国驰名商标。

（十五）培育藏药材种植（养殖）产业，加强野生藏药材资源管理。做好藏药材资源普查，建立全区藏药材资源信息库，采取政策引导、建立保护区等措施，加强珍稀濒危品种保护；合理采挖与保护相结合，加强人工栽培、种植（养殖）技术研究、开发和推广，

促进资源恢复与再生。周密规划，在有条件的地方建立藏药材种植（养殖）基地。扶持和发展一批藏药材种植及加工企业，以及藏药材种植专业村、专业户，走公司+基地+农户的产业发展道路。引导区内有实力的企业投资藏药材规范化和规模化种植（养殖）及加工，鼓励和支持通过招商引资、技术协作和企业嫁接等方式与区外中药企业合作，建立规范化、规模化藏药材种植（养殖）基地。工商行政管理部门要对人工栽培、种植（养殖）藏药材品种申请地理标志的商标注册工作予以指导和支持。

（十六）加强藏药注册、生产监管。积极向国家有关部门争取政策，成立藏药审评机构，使藏药注册审评贴近藏药理论和实际。县以上有条件的藏医医疗机构依照食品药品监督管理部门的相关规定，可建立制剂配制中心（室）。医院制剂生产以满足本院和自治区内基本医疗需求为主要目标，支持藏医医疗机构根据临床需要研制和应用特色藏药制剂和藏药"卡擦"。在规范农牧区藏医药管理和服务的基础上，允许乡村藏医药技术人员自种自采自用藏药材。

七、夯实基础，广辟渠道，为藏医药事业发展创造条件

（十七）加强基础设施建设。按照"统筹规划、分步实施"，"突出特色、规范建设"，"填平补齐，改扩建为主"的建设要求，将藏医疗服务体系建设纳入医疗卫生服务体系建设总体规划，加大投入力度，努力改善各级藏医疗服务机构的基础设施条件。

（十八）藏医医疗服务和藏药纳入医疗保障政策和基本药物政策范围。在城镇职工基本医疗保险、城镇居民基本医疗保险、农牧区医疗等医疗保障制度中，将符合基本医疗保险规定的藏医医疗服务和藏药纳入医疗保障政策和基本药物政策范围；将符合基本医疗保险定点医疗机构管理规定的藏医医疗机构纳入我区基本医疗保险定点医疗机构管理范围；将符合基本医疗保险诊疗项目、医疗服务设施范围和支付标准规定的藏医诊疗项目、藏医医疗服务设施纳入我区基本医疗保险统筹基金支付范围。在价格制定、临床应用、报销比例中充分考虑藏医药特点，鼓励使用藏药。努力争取国家有关部门将符合条件的藏药逐步纳入《国家基本药物目录》。自治区制定《西藏自治区基本用药藏药目录》，增加自治区职工医疗保险和农牧区医疗药物目录中的藏药品种，加大藏药的政府采购力度。县藏医院（科）、乡镇卫生院必须配置自治区基本用药目录规定的藏药品种。

（十九）充分发挥对口援藏的重要作用，促进藏医药事业发展。积极争取对口援藏资金、技术、科技和人才支持，加大藏药材的种植繁育基地建设力度，加快藏药研发步伐，解决藏药工业化加工中的技术难题，培养生产技术、管理和营销人才。

（二十）加强藏医药法规和标准化建设。结合我区实际，积极开展立法调研，加快藏医药立法进程，推进藏医药学的保护、传承和发展及管理步入规范化和法制化轨道。进一

步强化知识产权保护意识，加大藏医药行业驰名商标、著名商标以及专利产品的保护力度，加强地道药材原产地保护工作。遵循藏医特点，开展藏医药标准化、规范化建设，逐步建立规范、统一和科学的藏医药标准体系。

（二十一）加强藏医药文化建设，扩大藏医药对外合作与交流。采取有效措施，保护和利用藏医药文化遗产，开展藏医药古籍和文化遗产普查登记；做好藏医药非物质文化遗产保护和传承工作；充分发掘藏医药文化资源，开发藏医药文化产品，打造藏医药文化品牌；加强藏医药文化建设和科普知识宣传普及工作。要注重宣传藏医药的理论特色和独特技术，开展多渠道、多层次的国内外合作与交流，不断扩大我区藏医药的对外影响。积极吸引国内外先进技术和资金，共同进行藏医药研究开发，推动我区藏医药走向全国、走向世界。

八、落实扶持和促进藏医药事业发展各项政策

（二十二）进一步加大对藏医药事业的投入。"十二五"期间，自治区各级政府要继续加大藏医药发展投入，重点支持开展藏医药特色服务、公立藏医医疗机构基础设施、基础研究、重点学科和重点专科建设以及藏医药人才培养和队伍建设。落实政府对藏医医疗机构投入倾斜政策，研究制定有利于各级藏医医疗机构发挥藏医药特色优势的具体补助办法。完善相关财政补助政策，鼓励基层医疗卫生机构提供藏医适宜技术与服务。制定优惠政策，鼓励企事业单位、社会团体和个人捐资支持藏医药事业。

（二十三）自治区产业发展资金向藏药产业发展倾斜，加大藏药产业扶持力度。引导企业投资藏药材规范化和规模化种植及濒危和紧缺藏药材的人工培育、藏药材替代品的研发、设备更新、改进工艺等技术改造，保障藏药材资源的可持续利用和藏药产业的持续发展，加快传统藏药和现代产、学、研相结合的步伐。与此同时，企业要扩展投融资渠道，形成广泛吸引社会资本的多元化投资格局，支持藏药企业通过资本市场等集资金，鼓励区内企业与国内外大型制药企业建立多种合作关系，做大做强。

（二十四）规范藏医服务项目收费和藏药制剂品种价格。规范藏医传统特色诊疗服务项目目录，适当提高藏医传统诊疗技术劳务项目的收费标准。列入国家和自治区《基本药物目录》《医保目录》的藏药品种，要纳入自治区价格主管部门的定价目录，实行政府指导价。

（二十五）认真落实促进藏医药事业发展的税收优惠政策。对传统藏药剂型改良、配方革新和规模化生产，新药研究、开发和生产，并取得《药品生产许可证》的企业，自该项目取得第一笔生产经营收入所属纳税年度起，免征企业所得税6年。根据《中药材生产质量管理规范》要求，经行业主管部门批准，从事藏药材种植、养殖、经营的企业，自该项目取得第一笔生产经营收入所属纳税年度起，免征企业所得税6年。经国家认定为高新

技术企业，且高新产品产值达到国家规定比例的，自认定之日起，可分别免征企业所得税10年和8年，高新技术产品产值达不到国家规定比例的，仅对该产品进行免税。

（二十六）继续实施特殊优惠的信贷政策。自治区各金融机构要按照"区域集中、规模做大、提升质量、提高效益"的总体要求，调配好信贷资金，对发展潜力大的藏药业项目给予重点支持，加大对藏药业的信贷力度，推进藏药业发展。

九、构建扶持和促进藏医药事业发展工作平台

（二十七）自治区成立藏医药工作协调机构。成立由卫生、食品药品监督管理、工业和信息化、发展和改革、财政、国资、人力资源和社会保障、农牧、林业、教育、科技等部门组成的自治区藏医药工作协调领导小组，建立部门协调机制和联席会议制度，加强对藏医药工作的宏观指导、政策衔接落实、部门协调和组织，重点研究制订藏医药事业发展规划、藏药产业发展专项规划以及配套政策，研究藏医药事业发展中的重大工作，并协调组织实施。

（二十八）加强对藏医药工作的组织领导和行业管理。各级政府必须把扶持和促进藏医药事业发展列入当地经济社会发展总体规划中，提到重要议事日程。进一步理顺藏医药行政管理体制，重视和加强自治区藏医药管理机构和队伍建设，地（市）卫生行政部门要建立健全藏医药管理机构，县卫生局也要有人分管藏医药工作，强化行业管理。要充分发挥行业主管部门在统筹全区藏医药事业发展中的领导和指导作用，为整体推进藏医药工作提供有力的组织保障。积极发挥行业协会的参谋助手作用。

（二十九）提高认识，明确责任，狠抓落实。各地（市）、各部门要从全区经济社会发展战略全局的高度，充分认识扶持和促进藏医药事业发展的重要意义，加强组织领导，层层抓好工作的落实。自治区各相关部门要按《自治区扶持和促进藏医药事业发展2010—2015年工作任务分解表》要求，明确分工、落实责任、细化措施、做好衔接，确保按期完成各项工作任务。全区各级卫生行政部门和全区藏医药系统要认真学习好、领会好、宣传好、贯彻好本意见精神，切实把意见精神落实到藏医药工作中，不断推进藏医药事业持续健康发展。自治区各级政府及其有关部门要把贯彻落实本意见工作列入重要议事日程，切实增强责任感、使命感，进一步解放思想，转变观念，凝聚共识，推动工作，为提高人民群众健康水平，为西藏经济社会跨越式发展和长治久安作出新的更大贡献。

二〇一〇年九月二十九日

三、《西藏自治区人民政府办公厅关于进一步加强藏药材资源保护和利用的意见》【藏政办发〔2016〕67号】

藏药材资源是藏医药事业传承和发展的物质基础，是我区重要的战略资源。为加强藏药材资源保护，合理利用藏药材资源，促进藏医药事业持续健康发展，根据《国务院办公厅关于转发工业和信息化部等部门中药材保护和发展规划（2015—2020年）的通知》（国办发〔2015〕27号）、《野生药材资源保护管理条例》《国务院办公厅关于印发中医药健康服务发展规划（2015—2020年）的通知》（国办发〔2015〕32号）和《西藏自治区人民政府关于进一步扶持和促进藏医药事业发展的意见》（藏政发〔2010〕68号），经自治区人民政府同意，提出以下意见。

一、我区藏药材资源保护和利用工作面临的形势和任务

藏医药学是我国最有影响的民族医药学，青藏高原独特的地理位置、特殊的气候条件孕育了丰富的野生动植物资源，药用动植物资源达3000余种。我区藏药材资源分布呈现东部比西部多、南部比北部多、低海拔比高海拔多等特点，常用的藏药材达400余种。近年来，我区藏药材生产企业蓬勃发展，规模不断扩大，初步形成了以骨干企业为龙头、科研开发为依托、传统产品和新产品为支撑、藏药材资源大力开发利用的藏医药产业链，全区藏药生产企业从手工作坊向工业化生产转变，逐步实现规模化、产业化，藏医药产业已成为我区重要的特色优势产业，迎来了新的发展机遇。与此同时，受全球气候变化、野生藏药材资源生长周期漫长、生长环境恶化、栖息地逐步缩小等因素的影响，以及当前不科学不规范的采挖方式、不完善的监督管理模式的限制，大花红景天、桃儿七、唐古特乌头等部分品种蕴藏量急剧下降，绿绒蒿、白花龙胆、乌奴龙胆等部分品种处于濒临灭绝的境地，已不能满足藏医药产业发展和人民群众对藏医药服务的需求，野生藏药材资源供需矛盾日益凸显，加强藏药材资源保护和利用工作已迫在眉睫。

当前，我区正处在与全国其他地区一道全面建成小康社会的决定性阶段。加强藏药材资源保护和利用工作，有利于生态环境与生物多样性保护，有效降低对野生资源的消耗和依赖；有利于促进藏医药产业持续健康发展，不断满足广大人民群众日益增长的健康服务需求；有利于优化调整工业和农业产业结构，扩大产能，提升效益。各级各有关部门要站在我区全面建成小康社会的战略高度，充分认识加强藏药材资源保护和利用工作在促进西藏经济社会发展、维护西藏社会稳定和保障人民群众健康等方面的重大意义，进一步加强工作协调，加大工作力度，做好藏药材资源保护与利用工作。

二、藏药材资源保护和利用的指导思想、基本原则和总体目标

（一）指导思想

以邓小平理论、"三个代表"重要思想、科学发展观为指导，深入贯彻落实中央第六次西藏工作座谈会精神，以保护谋发展，以发展促保护，逐步完善藏药材资源保护和利用政策保障措施，着力加强藏药材采集管理，规范藏药材流通秩序，促进藏药材资源合理利用，加强藏药材研发和人才队伍建设，逐步建立起以政府牵头，部门协作，全社会共同参与，符合我区经济社会发展实际的藏药材资源保护和利用新格局。

（二）基本原则

——坚持政府引导与市场主导相结合的原则。充分发挥政府在藏药材资源保护和利用工作政策制定、组织协调和规划编制等方面的引导作用，进一步优化资源配置，合理整合社会资源。以市场为导向，充分发挥企业在资源保护和利用工作中的主导作用，推进藏药材资源保护和利用工作稳步开展。

——坚持保护优先与适度开发相结合的原则。坚持生态保护第一，统筹协调藏药材资源保护和利用的关系，科学规划藏药材资源保护，促进藏药材资源合理利用，确保生态环境良好，实现藏医药产业健康协调发展。

——坚持继承传统与不断创新相结合的原则。在继承藏医药学优秀传统文化和特色理论优势的基础上，充分利用现代科学技术，大力开展藏药材资源保护和利用科技创新，进一步提高藏药材利用效率，逐步降低对野生藏药材资源的依赖。

（三）总体目标

——到2020年，全面摸清我区藏药材资源底数，健全完善藏药材资源保护和利用政策法规，有序规范市场流通秩序，野生藏药材资源得到全面保护。

——到2020年，生态环境持续改善，藏药材种养殖规模逐步扩大，科研水平明显提高，资源利用合理有序，市场供需矛盾初步缓解，资源保护和有效利用协同推进，藏医药事业可持续健康发展。

——到2020年，建立1个藏药材植物园和2个藏药材种子种苗繁育基地，建设3个藏药材野生抚育核心区和试验区，完成万亩规模化藏药材连片种植示范区建设。

三、重点任务

（四）摸清藏药材资源底数

加强对藏药材资源普查工作的组织领导，充分发挥藏药材资源保护和发展工作领导小组的作用，统筹协调，明确责任，完善措施，在全区范围内组织开展藏药材资源普查工作。到2020年，完成全区藏药材资源普查工作，全面掌握藏药材资源种类、分布、蕴藏量、消耗量

等本底数据，并进行综合研究分析，为藏药材资源保护和发展提供有力数据支撑。

（五）加强藏药材采集管理

实行采挖颁证制度。建立野生藏药材《采药证》制度，禁止采集一级保护野生藏药材物种，对二、三级保护野生藏药材物种采集的人员、申办、发证程序等作出明确规定。

一是加大监督管理力度。结合本地实际，切实加强对本辖区藏药材资源采集工作的监督管理力度，合理划定藏药材禁采区域、禁采品种、轮休采集品种，明确藏药材采集量、采集方法、采集区域、采集季节等，最大限度保护野生藏药材资源。

二是加强从业人员培训。要着力加大对藏药材资源采集人员的教育和培训，不断提高采集人员生态环境保护和可持续发展的意识，有效杜绝破坏性、灭绝性采集行为。

三是突出环境保护。充分认识生态环境是西藏经济社会发展的重中之重，严格执行环境影响评价制度，严格遵循自然生态发展规律，履行环境影响评价程序，认真落实环境保护措施，确保在保护中开发，在开发中保护。

（六）规范藏药材流通秩序

进一步强化监管部门职责，明确主要监管环节主体责任，逐步在全区建立起职责明晰，渠道畅通，规范有序的藏药材流通秩序。制定常用藏药材商品规格等级、包装、仓储、养护、运输行业标准，为藏药材有序流通夯实基础。争取政策支持，探索建立我区藏药材市场，规范藏药材批发零售行为，严格藏药材广告审批。建立藏药材品种的全过程追溯体系，规范藏药材种植（养殖）种源及过程管理，推动藏药生产企业使用来源明确的藏药材原料。严禁滥用农药、化肥、生长调节剂，加大力度查处藏药材市场的不正当竞争行为，严厉打击掺杂使假藏药材，建立长效追责制度。

（七）有效保护藏药材资源

一是实施藏药材迁地保护和原产地保护。进一步强化资源保护意识，切实加大对野生特别是濒危稀缺藏药材资源保护工作力度，根据西藏药用动植物生态环境（栖息地）及生长特点，选择我区地理环境独特、气候适宜、道地品种相对集中，以及生物多样性保护优先区，开展藏药材野生抚育核心区和试验区建设，实施藏药材种子种苗繁育基地、规模化种植示范基地、藏药材植物园建设项目，确保野生藏药材资源得到保护或恢复。

二是加大藏药材科研力度。统筹优势资源，集中科研力量，设立藏药材资源保护和利用科技专项。加强藏药材资源普查、藏药材种质资源收集、鉴定、评价与保存、繁育等基础研究，积极推进藏药材规模化与标准化种植、藏药材质量控制与品质改良、新药研究以及相关健康产品开发等应用研究。在相关研究机构、高等院校、企业设立"藏药材资源保护和利用重点实验室"，综合运用传统繁育方法和现代生物技术，突破一批濒危稀缺藏药材的繁育瓶颈，为藏药材资源合理利用开辟新途径。

三是加强藏药材资源动态监测与技术服务能力建设。建立"西藏藏药材原料质量监测技术服务中心"和"西藏藏药材原料质量动态监测站点"，实现藏药材资源保护的动态监测与预警机制，逐步实现与国家中心平台数据互联互通。

四是大力扶持藏药材农业企业。培养一批藏药材种养殖现代农业企业，引导推动大中型藏药企业建立省级藏药材标准化种植加工基地，扶持龙头企业，促进藏药材农业企业朝规模化、专业化、现代化生产经营方式转变，努力推广企业＋科研＋基地＋农户的模式，力争使藏药材种植生产企业成为市场供应主体，逐步降低对野生藏药材资源的依赖和消耗。

（八）合理利用藏药材资源

合理布局藏医药产业，制定藏医药产业长远发展规划，逐步在我区建立起布局合理、结构优化、资源节约、附加值高的藏医药产业和特色优势产业格局，实现藏药材资源科学有序利用。

全区各级科研教学机构、藏医医疗机构和藏药生产企业要充分利用行业优势，建立"藏药材综合开发技术创新联盟"，创新方式方法，以企业为技术创新载体，坚持产、学、研相结合，积极开展藏药新药开发、产品改造升级等工作，积极推进我区"既是食品又是药品的物品名单""可用于保健食品的物品名单"的筛选、申报工作。大力开展特色食饮品、保健食品和健康相关产品的研究，充分挖掘藏药材资源潜力，拓展藏药材资源应用领域，促进藏药材资源合理利用。探索在旅游景区沿线开展既可药用、又能观赏的特色藏药材品种连片种植开发项目，促进藏药材资源人工种植及合理利用。延伸藏药材深加工产业链。培育壮大一批集种植、收购、加工、流通、物流配送等农商贸一体的现代化藏药材种植加工企业。

四、政策措施

（九）完善政策法规

进一步建立健全藏药材资源保护和利用的政策体系，研究制定《西藏自治区野生药用动植物资源保护管理条例》《西藏自治区重点保护野生药材物种分级目录》。科学制定《西藏自治区藏药材保护和发展规划》及配套政策，为藏药材资源保护和利用提供有力的政策支持。

各部门要结合职责，完善相应的藏药材保护、采挖、流通、生产、科研、产业、监管等环节的规章制度及其工作方案。各地（市）要完善野生药用动植物资源保护和利用的具体措施办法，制定奖励机制，并负责做好组织实施工作。

要加快藏药材地方标准的制订与修订工作。开展藏药材地理标志产品保护申报和质量研究，有效保护藏药材知识产权。结合我区农牧业产业政策，逐步调整提高藏药材种养殖在农牧业产业结构中的比重，出台鼓励农牧民参与藏药材种养殖的扶持政策，建立健全农牧民种养殖藏药材的政府补贴机制，扩大藏药材种养殖范围，拓宽农牧民增收渠道。

（十）加大投入力度

藏药材资源保护和利用工作涉及面广、任务繁重，自治区和各地（市）要合理安排藏药材资源保护和利用工作经费，落实国家、自治区相关财税支持政策，健全经费保障机制，对藏药材资源保护和利用重点地（市）、单位、企业和项目予以扶持。加强与金融机构的战略合作，加大金融扶持、信贷支持力度，设立藏药材产业发展专项资金，引导信贷资金向藏药产业倾斜，拓宽企业之间融资渠道，多渠道筹集发展资金。

（十一）加强队伍建设

积极筹建自治区藏药材资源保护和利用专家咨询委员会，充分发挥自治区藏医药研究院科研优势，整合高等院校、科研院所、企事业单位的资源，在藏药材资源保护和利用政策制定、项目规划、资金安排、人才培养等方面发挥积极作用。在条件成熟的高等院校开设"藏药材资源保护和利用"相关专业，进一步加强藏药材资源保护高层次人才培养教育工作。加大藏药材资源保护和利用人才培养的交流与合作，采取"请进来，走出去"的方式，借鉴吸收区外先进管理经验、模式，积极引进高水平科研、管理人才，培养急需紧缺人才，为我区藏药材资源保护和利用工作提供人才、技术保障。加强岗位职业培训，大力开展基层一线藏药材采挖、种养殖、加工人员技能培训，提升从业人员科学利用藏药材资源的能力水平。完善人才评估体系和激励机制，对在藏药材资源保护和利用工作中作出突出贡献的单位和个人予以表彰和奖励。

五、组织实施

（十二）加强组织领导

藏药材资源保护和利用工作时间紧、任务重、难度大，各地（市）、各有关部门要统一思想、提高认识，切实加强对藏药材资源保护和利用工作的组织领导，紧密结合各自职责，成立相应的组织领导机构，将藏药材资源保护和发展工作纳入地方经济社会发展规划和考核目标，制定完善相关配套政策措施，统筹做好宏观指导、政策衔接、组织落实等工作，共同推进工作开展。

（十三）做好舆论宣传

做好藏药材资源保护和利用工作意义重大，关系到我区经济社会快速发展和生态西藏建设，与人民群众健康息息相关，要加大藏医药传统文化宣传，做好面向各级领导、藏医药从业人员和广大人民群众的宣传动员、政策解读等方面的工作，积极争取社会各界的理解、支持、配合、参与，为藏药材资源保护和利用、为藏医药事业可持续健康发展营造良好的舆论氛围。

（十四）强化督促检查

各地（市）、各有关部门要按照本意见要求，结合各自工作实际，切实加强对藏药材资源保护和利用工作的督促检查力度，建立健全工作机制，创新工作方式方法，对藏药材资源保护和利用工作进行动态跟踪检查，及时总结政策落实效果，不断完善发展思路与政策措施，提出整改完善意见，确保藏药材资源保护和利用各项政策措施落实到位。

附件：重点工作任务分解表（此处略去）

西藏自治区人民政府办公厅

2016年7月22日

各 论

川贝母

本品为百合科植物川贝母*Fritillaria cirrhosa* D. Don、暗紫贝母*Fritillaria unibracteata* Hsiao et K. C. Hsia、甘肃贝母*Fritillaria przewalskii* Maxim.、梭砂贝母*Fritillaria delavayi* Franch.、太白贝母*Fritillaria taipaiensis* P. Y. Li及瓦布贝母*Fritillaria unibracteata* Hsiao et K. C. Hisa var. *wabensis*（S. Y. Tang et S. C. Yue）Z. D. Liu，S. Wang et. S. C. Chen的干燥鳞茎。本品具有清热润肺止咳的功效，用于肺热燥咳、干咳少痰、阴虚劳嗽、痰中带血。

在藏药学中，川贝母的藏文名叫"欧孜"，在西藏对这个物种有确切认识和使用的历史有3800多年，在各类典籍中根据不同的认识和应用，也有了种类繁多的别名，在《蓝琉璃》中称该物种为"佳波孜"，由北派藏医通瓦顿丹所著的《珍宝慧灯》中称该物种为"堆滋欧孜"，同时西藏各地也有各自的民间名称，例如日喀则地区称为"孜嘎尔"，在山南称之为"哎嘛恩珠"，在昌都称之为"亚吉日"，这也足以说明川贝母这一物种在藏药学和民间都有极为深厚的实践认识和经验积累。在藏药学中，对川贝母具有与其他传统医学共同的药性理论认识，也有其独到之处。藏药学中，"欧孜"不仅是治疗咳喘、痰咳、咯血等肺部疾病的上等药材，也是具有良好解毒功能的药材，是优良的治疗骨伤之要药，尤其适用于颅骨骨折。

本栽培技术所指物种为百合科植物川贝母*Fritillaria cirrhosa* D. Don。以下仅介绍该种的相关内容。

一、植物特征

多年生草本，高15～50厘米。鳞茎由2～4枚鳞片组成，直径1～1.5厘米。叶通常对生，少数在中部兼有散生或3～4枚轮生的，条形至条状披针形，长4～12厘米，宽3～5（～10）毫米，先端稍卷曲或不卷曲。花通常单朵，极少2～3朵，紫色至黄绿色，通常有小方格，少数仅具斑点或条纹；每花有3枚叶状苞片，苞片狭长，宽2～4毫米；花被片长3～4厘米，外三片宽1～1.4厘米，内三片宽可达1.8厘米，蜜腺窝在背面明显凸出；雄蕊长约为花被片的3/5，花药近基着生，花丝稍具或不具小乳突，柱头裂片长3～5毫米。蒴果长宽各约1.6厘米，棱上只有宽1～1.5毫米的狭翅。花期5～7月，果期8～10月。野生川贝母如图1所示。

图1 野生川贝母

二、资源分布概况

主要分布于西藏全境、云南（西北部）和四川（西部），海拔3200～4200米。通常生于林中、灌丛下、草地中。

三、生长习性

川贝母在西藏自治区内近34个县的整体分布区内平均海拔在3000～4500米之间，属高山和高山峡谷区。分布区内地势高亢，年日照时数均2500小时以上。大部分地区年均温4～6℃，极端最低温−15℃，全年冬长夏短。地貌类型有高原丘陵、高山、河谷。分布在由东至南至西边缘地带。气候类型繁多，水平、垂直差异明显，局地小气候突出。通常年均温低于8℃，无霜期不足120天。大部分地区年均降水量在500～700毫米之间，地区间差异大，年内季节分配不均，干湿交替十分明显，蒸发量一般在1200毫米左右。植被类型为高山灌丛和高山草甸，以桑日县、墨竹工卡县、浪卡子县、措美县、江孜县为典型。常与高山香柏、金露梅、山生柳等高山灌丛构成居群。多分布于西南、西部山体的下坡位，土壤近中性或微酸性。

四、栽培技术

（一）繁育方法

川贝母人工繁育可以采用无性繁殖与有性繁殖，但鉴于无性繁殖方法成本较高且难以形成规模，本书重点介绍有性繁殖方法，即种子繁育，方法如下。

1. 种子采收与管理

（1）摘蕾定果　进入抽薹开花阶段，每株出现1～8朵花，为了确保蒴果的质量，每株保留1～3朵生理形态完整（雌蕊完整、雄蕊完整、子房健全）的花，用于结出高品质的蒴果和种子。

（2）采摘蒴果　蒴果发育持续20～25天左右，为了最大程度完成果实成熟，以心皮刚刚进入开裂阶段为标准进行采摘。

（3）蒴果存留　采摘的蒴果在阴凉处摊放10～15天，使种子继续在种壳中进一步成熟。

（4）剥取种子（种子剥取与脱水）　完成上述程序的蒴果，最终进行种子剥离与收集工作，收集到的种子在自然阳光下进行晾晒8小时以上或在干燥箱（40℃）中进行脱水处理。

（5）种子脱水（净化）　脱水完成的种子经风选机进行净化处理和筛选，使种子净度达到70%～75%。

（6）种子检测　将净选的种子随机抽样5份，检测种子水分及千粒重，建立种子年度千粒重等常规质量信息档案并存档。

（7）包装存储　净选种子以千粒重（1.3～1.6克/千粒）为基础数据，按照实际分包需求进行包装，包材以牛皮纸为优选，并粘贴种子净度、产地、水分、千粒重等信息标签，存入种子库。

2. 种子处理

根据次年的计划播种面积，从种子库取出种子，进行后熟处理90天。后熟处理的种子要求达到95%以上的萌发率即为合格。

3. 播种地处理

（1）病虫害预防处理

①预防措施实施时间：由于种子繁育的川贝母种子已经经过人工处理变得出苗时间短、出苗率极高，因此，这为种子繁育播种期提供了极为宽松的时间范围，基本上全年任何时间段都可以播种育苗。

②深耕拾虫：川贝母是高价值经济作物，种苗繁育地的建设要科学规范，种苗繁育地至少要实现地表至地下40～70厘米的深耕要求，特别是有蔬菜及禾本科作物耕作历史的土地，更要满足至少70厘米的深耕标准。对于新开垦的种苗繁育地，不建议大面积连片开垦，而是以条状10米宽的规格开垦，并对新开垦的条状用地实施至少40厘米的深耕。上述两种深耕方式实施过程中，安排足够的劳力，捡拾干净杂草根及禾本科秸秆，确保种苗繁育地今后形成单一物种的种群优势。

③深耕撒施诱杀土：用3%甲基异硫磷颗粒剂（30千克/公顷）或20%甲基异硫磷乳剂（6～7.5千克/公顷）或50%辛硫磷乳剂（6～7.5千克/公顷），三种药剂中的任何一种与750千克过筛的细土或厩肥混合，拌匀，制成毒土或毒饵撒入田土内，并耙细耙匀。

④灌施灭菌液：深耕过的土地，在自然状态下曝晒2～3天，然后尽快灌足水与消毒剂的混合液，这不仅会杀灭翻出地表的幼虫体，防止二次转入地下，还会增加灭菌剂与土壤细微结构的接触概率。灭菌剂选用多菌灵50%可湿性粉剂3000～4000倍液结合灌溉施用到种苗繁育田，灭菌剂灌施频率至少保持2次/月，合计持续时间2个月。

⑤药液自然蒸发：自然状态下，灌施灭菌剂的种苗繁育田在正式播种前25～30天左右进入药液蒸发期，直至种苗繁育田内的土壤湿度基本保持在60%左右，即田土呈现握则成团、触则即散的团粒结构。

（2）施入基肥

①基肥处理：种苗繁育地内混合液蒸发且田土呈现良好结构时，需要施入发酵腐熟的基肥（农家肥）。

②施入基肥量：将高温腐熟的基肥以1200千克/亩的量施入经病虫害预防处理后的种苗繁育田。

③再耕耙细：经病虫害预防处理且施入基肥的种苗繁育田，进入种苗繁育田土地处理过程的最终再耕耙细阶段，再耕耙细以达到基肥分散均匀和地表至地下25厘米范围内土壤无结块为目的，做好下种前的最后土壤改良，为即将开展的苗床设置工作奠定坚实基础。

（3）苗床类型与选择

①"凸"字形床：适合地表蒸发量较小的湿润地带，降雨量较多且排涝难的河谷、山地、平原地带，易受雨水冲刷的坡面。优势在于苗床结构相对独立而形成稳定的床体生态，利于种子萌发及保苗率，节省除草期管理，追肥效果稳定，过冬成本可控等。设计为苗床基底宽度80～100厘米，苗床上层面宽度70～90厘米，基础床高10～15厘米。

②"凹"字形床：适合地表蒸发量较大，保水保肥能力较弱的干旱地带，区域气候较为干旱且不易形成涝害的山地、平原地带，不易受降雨等自然冲刷的坡面。优势在于保水保肥能力强，地表散发率低，便于搭建拱架设施。设计为凹面深度15～20厘米，下种面宽60厘米。

（4）播种

①预处理：从冷库中取出的种子在凉开水中浸种1～2小时，取出后用浓度65～70毫克/千克的赤霉素溶液处理12小时备用。

②拌种：按照种子：腐殖土（200目过筛）=1：3的比例进行拌种，并混匀。

③播种：在综合考虑川贝母种子大小、质量等特性的基础上，按照60～65千粒/平方米的标准将川贝母种子均匀撒播在苗床上。

④喷洒着床水：在平整的苗床表层沙面上喷洒足量种子着床水，实现整体苗床、种子层、砂层的自然沉降和固定。

（二）栽培管理

1. 灌溉管理

从种子播种下地的当天起，一直到开始出苗，要保证每天上午或傍晚准时向床面喷灌，达到床面砂层面下2厘米处始终处于湿润的状态。但也要结合具体气候区域的环境湿度，湿度较大的物候区，可以根据床面砂层下2厘米处的湿度情况，自行制定适合的灌溉管理措施。

2. 床面维护

由于受到喷灌过程及其他生产劳动的影响，苗床沙面会出现流失及倒锥状孔洞，在整个播种期管理中，一定要确保对流失细沙的足量补充和孔洞的修复，补充的量及厚度最高可以提高到1~2厘米，保证整体沙面保持在6~8厘米。

3."一颗针"期管理

川贝种苗繁育技术从第一年播种期管理结束后，就进入了持续3年的苗期管理，也是最影响川贝母种苗产量、质量、品相的关键3年，这三年需要采取精细而有差别的管理措施，而第一年苗期就是"一颗针"形态期的管理。

（1）架设遮阴网　播种期管理结束后10~15天，苗床上会较为统一地出现破土而出的幼苗"一颗针"，此时最重要的管理措施是及时在苗床上架设遮阴网，遮阴网的透光率需≤75%，架设高度维持在距离苗床表层1.2~1.5米的床面上方。

（2）追肥　幼苗处于"一颗针"期时，由于过于脆弱，不适合直接将固体肥料撒施于苗床面上，沟肥又无法满足幼苗对营养的需求，因此最直接的施肥方法就是喷施液肥。在适宜大小的废料池中按照农家肥：油枯=5：0.3的比例投料，再向废料池中灌水至肥料体积的500倍，充分搅拌至最大限度溶解，并使混合液自然沉淀至液渣分离，抽取上层液作为喷施的液肥。追肥的时机：喷施液肥的最佳时机为苗床上幼苗数量正在进入增长期时，此时喷施液肥，可以恰好满足地上和地下正在进入旺盛生长期幼苗的营养需求，同时也利于液肥充分附着在苗床沙层面上，可以极大提高液肥的利用率，以少量多次的方法，维持7日左右的持续追肥。

（3）间苗与除草

①间苗：由于种苗繁育的播种环节采取的是撒播法，因此在幼苗出土后，可以明显观察到撒播时抱团种子的丛生现象，而间苗过程就要除劣保优，幼苗密度适合控制在0.2~0.3厘米的苗间距，这个间距基本为川贝母种子的平均横向直径。

②除草：幼苗期除草是确保苗床上幼苗形成种群优势的关键所在，而确保形成种群优势对幼苗茁壮成长有着极显著的影响。因此，苗期除草是整个川贝母种苗繁育过程中最持久、连续的管理措施，确保苗床上没有杂草苗。特别是禾本科的看麦娘、菊科飞蓬，这些杂草最容易快速蔓延而破坏川贝母幼苗的种群优势，甚至发展到无法控制而瓦解整个苗床。隔离杂草源：种苗繁育田内会不断地遭到杂草的侵扰，而降低侵扰的最好措施是隔离杂草源，具体措施如下，一方面定期割除种苗繁育田周围杂草的地上器官，确保这些杂草没有开花和结果机会；另一方面确保种苗繁育田内浇灌的水为地下水，严禁使用沟渠水，确保从水源上控制杂草种子带入种苗繁育田。

（4）病虫害防治

①喷施药剂：当幼苗出土2.5~3.5厘米，使用50%的多菌灵兑水1500~1700倍，15%的三

唑酮可湿性粉剂兑水1500～1700倍，以体积比为（2.5～3.5）:1混合，喷洒2～4次，每次间隔7日。

②清除病态苗：在田间经常观察幼苗的生长状况，一旦发现有幼苗出现提前倒伏、萎蔫等不同于整体幼苗的态势，应及时挖除，并在挖除区域喷洒50%的多菌灵兑水1500～1700倍，人工观察地下是否有害虫幼体。

4. 苗床越冬管理

（1）越冬原则　川贝母在野生环境中都有伴生灌木，伴生灌木可以为川贝的幼苗期提供庇荫、为柔弱的茎秆提供支撑、其枯枝落叶可以提供养分，因此在人工栽培环境中，也要效仿自然环境，创造合适的越冬环境。

（2）整理床面　越冬前撤掉床面上的遮阴网架，并对床面上的砂层面进行补砂修复，特别是对床面周围的固土层进行修补和夯实。

（3）越冬措施　每年气温进入0℃以后，地表水开始出现封冻，在这个节点选择在傍晚向苗床上浇足过冬水，初步实现苗床表面被封冻。当环境气温达到-5℃以后，苗床上覆盖草帘，草帘与苗床面充分结合而避免存在空隙，同时要时常观察草帘下苗床的湿度保持情况，当草帘下苗床湿度小于70%时，应及时向苗床上补充水分，补水浇灌可以直接在草帘上进行。

5. "一匹叶"期管理

两年生的川贝母苗，称之为"一匹叶"，幼苗地上叶片从针状变化到单束雀舌状，最宽在0.2厘米左右，地下鳞茎的最大直径也在0.3厘米左右，因此这一年的苗期管理也要与第一年苗期管理保持基本一致，确保保苗率和鳞茎的快速增长。

（1）发芽期　第二年苗的发芽期因环境不同而有变。在拉萨蔡公堂乡白定村西藏自治区濒危藏药材人工种植技术研究基地所在区域，第二年苗的出苗期基本为晚春季节，当地此时最低气温在0～2℃之间，最高气温在13～15℃之间，人工环境下的这种出苗情况要比野生环境下至少提前了30～40天，可见温度、湿度的综合保持情况对川贝母出苗起到至关重要的作用。

（2）架遮阴网　第二年出苗前架设遮阴网，遮阴网的透光度选择在60%左右即可。此时在种苗繁育田搭建遮阴网，一方面是为了保护幼苗不被日光直晒，另一方面是为了帮助幼苗躲避霜害。因此，在建立种苗繁育基地的任何区域，通过获取当地气象信息数据，制定有效防护措施极为关键。

（3）追肥　第二年苗的追肥管理仍然保持与第一年苗的管理措施一致，仍然以追施液肥为主。

（4）田间管理 第二年苗的除草灌溉、修补苗床、病虫害防治、过冬管理等所有田间管理措施与第一年苗的管理措施基本一致。

6. "树儿子"期管理

川贝母第三年苗期称之为"树儿子"形态期，是川贝母种苗的稳定期和增重期，地上种苗叶开始分化成茎叶，也有部分叶仍保持为片状叶，这与生境的优劣有着直接的关系，特别是在高海拔地区，由于生殖期短，第三年仍达不到"树儿子"的形态期，叶片最大宽度可以达到0.7厘米左右，地下鳞茎明显具有商品贝母特征，直径可以增长到0.6厘米左右，因此，这个阶段的重点管理措施是加强营养，同时为接下来的大田规模化移栽做好准备。

（1）苗床修补 这个阶段地下鳞茎随着横纵向的增长，苗床砂层的一部分已经进入床土层而耗损较大，这时要确保苗床砂层厚度保持在6～7厘米，并以此为标准继续对苗床砂层面进行补砂和修复。

（2）遮阴网 第三年苗对光的需求明显增加，但也不能直晒于日光下，因此第三年的遮阴网保持透光率在40%～50%左右，阴天时可以移除遮阴网，让地上的营养器官逐步适应没有遮阴措施的光环境。

（3）追肥

①床面追肥：床面追肥仍然采用灌施液肥，第一次在地下鳞茎处于发芽期时施用，即每年4月中旬，主要施用高氮复合肥25～30千克/亩，第二次在正值苗期施用，即5月中旬，主要施用高钾型复合肥15～20千克/亩。

②床体追肥：第三年苗是川贝母增产的关键时期，除了床面直接补充营养的管理措施外，还要加强川贝母自身须根对营养的吸收能力，因此还要加强整个床体的营养度，即在最接近地下鳞茎的苗床周围采取沟埋措施，追施腐熟羊粪等农家肥1200千克/亩。

（4）灌溉 第三年苗是川贝母种苗进入大田移栽前的关键时期，因此这一年的管理措施还附带有炼苗的功能，管理措施需要尽可能考虑大田移栽环境，因此灌溉的频率和水饱和度要适当减少，苗床湿度维持在50%左右，即一次浇透而避免频繁浇灌的灌溉措施，或每周浇透一次。

（5）除草 第三年苗的苗床除草管理基本要与前两年苗期管理保持一致，由于第三年苗是重要的增产期，除草管理的好坏直接影响鳞茎的增重、增大效果，因此除草的频率和完好度方面更要严格要求，以顺利完成川贝母种苗生产的全过程。

（6）鳞茎种球的采挖　第三年苗期管理结束后（8月份），苗床上川贝母苗的地上部分完全倒苗，由此开始进入种苗的采挖期和缓冲存储期。

（7）苗窖的准备　在鳞茎种苗采挖之前，根据鳞茎种球的量，在田间通风良好的固定地点挖掘深度不超过60厘米的方形地槽作为窖池，并备足河床细砂及孔径约0.3厘米的尼龙网。

（8）采挖与缓冲窖藏　从结束第三年苗期管理后的9月份开始，种苗繁育田内的鳞茎种球开始有计划采挖，采挖方式为逐步剥离苗床上的砂层，尽可能单独收集苗床上的细砂，直至砂层下鳞茎开始露出时整体挖掘鳞茎，并及时转移到苗窖内，按照底层尼龙网上平摊鳞茎种苗、种苗上盖一层细砂的顺序类推，将挖掘的鳞茎种苗层层安置到苗窖内，在苗窖的最顶层砂层上用田土封盖，并向内插入温湿计。

（9）缓冲窖藏期管理　苗窖内由于全部为细砂堆砌，极易散失水分而影响鳞茎种苗的鲜活度，因此，一方面苗窖封土层要紧实有效，在苗窖上方60厘米处架设遮阴网，一方面要定期检测苗窖内的湿度保持情况，基本维持在50%的湿度。

（三）病虫害及其防治

（1）锈病　锈病为川贝母主要病害，病源多来自麦类作物，多发生于5～6月。

防治方法　选离麦类作物较远，或不易被上河风侵袭的地块栽种。整地时清除病残组织，减少越冬病源。增施磷钾肥或降低田间湿度，增强抗病能力。发病初期喷0.2波美度石硫合剂或97%敌锈钠300倍液，亦可用代森铵或退菌特防治。

（2）立枯病　立枯病危害幼苗，发生于夏季多雨季节。

防治方法　应注意排水，调节荫蔽度，阴雨天揭棚盖。发病前后用1∶1∶100的波尔多液喷洒。

（3）根腐病　根腐病通常5～6月发生，根发黄腐烂。

防治方法　应注意排水，降低土壤湿度，拔除病株。用5%石灰水淋灌，防止扩散。

（4）蛴螬　蛴螬于4～6月危害植株。

防治方法　用烟叶熬水淋灌（每亩烟叶2.5千克，熬成75千克原液，用时每1千克原液加水30千克），或每亩用50%氯丹乳油0.5～1千克于整地时拌土或出苗后兑水500千克灌土防治。

川贝母人工种植的大田示范见图2。

图2 川贝母人工种植大田示范

五、采收加工

1. 采收

（1）采收原则 川贝母大田鳞茎的采挖，需要兼顾几个方面的需求：①需要留一部分作为种球，用于生产高品质的种子，为可持续生产提供资源保障；②需要考虑市场上对原料球茎的直接需求，用于满足平常百姓贝母炖雪梨等等花样繁多的食用方法；③作为制剂原料满足生物制药企业、传统制药企业的原料需求。因此，结合上述大田鳞茎采挖需要兼顾的三个需求，形成了大田川贝母采挖的原则。

（2）定量采收的原则 由于川贝母鳞茎挖掘后需要尽快实现分级分类，特别是作为种球鳞茎的部分，还需要尽快转移到球茎窖中存储，因此，每天的采挖量不可过量安排，否则会严重影响分级分类工作。

（3）精细采收原则 针对川贝母鳞茎原料的任何一方需求，其品相直接关系到产品价值，种球需要更高的完整度，有创面的球茎不能作为种球；直接作为商品出售的球茎，也需要良好的完整度和规整度。因此，川贝母采挖需要制定严格而精细的采挖计划，确保在最后的采挖环节保证产品的品相、质量。

（4）采收 按照上述采挖原则，结合球茎的具体用途精细采挖，并按照鳞茎的分级，将种球按照相应贮藏、管理等要求进行处理。将一级至二级球茎作为直接出售的原药商品，进入加工环节；将三级和四级作为制剂原料药材，进入下一加工环节。川贝母鲜药材如图3所示。

图3 川贝母鲜药材

2. 加工

（1）直接晾晒法 在西藏山南桑日县等地，老百姓基本采取太阳下直接晾晒法，并随着晾晒程度逐步用簸箕抖去粘在球茎上的泥土等杂质。这种产地加工成本低廉，便于操作，但加工时正处于7月下旬的雨季，难以保证整个晾晒过程都遇到晴天，进而出现"黄子"，严重影响品相及价值。

（2）水洗糊面晾晒法 由于直接晾晒易出现"黄子"而影响收购价，因此在实际产地加工过程中，老百姓想到了鳞茎直接水洗，紧接着鳞茎上糊上一层面，再晾晒的方法，这种方法在一定程度上减少了出现"黄子"的概率，但成本与效果相比，也有不具备实际推广价值。

（3）直晒砂搓法 鳞茎不管出不出现"黄子"，都进行直接晾晒，待鳞茎干燥后直接拌到盛有细沙的布袋等容器中进行晃搓，直至鳞茎表面洁白光滑即合格。这是昌都等地区产地老百姓采取的加工措施，具有简便易操作、提高川贝母鳞茎品相的优点，同时由于没有使用任何影响川贝母内在质量的物化类添加剂，也确保了产品的绿色无污染。但这种方法最直接的弊端是，易造成鳞片的脱落和损失。

通过分析各加工干燥样品中总生物碱和贝母辛的含量，结合外观性状等评价指标，我们认为水洗60℃烘干是最佳的加工方法，既能较好的保持川贝母的外观性状，少出现"油子""黄子"，又能不破坏其中的有效成分生物碱。且具有加工效率高、周期短、操作方便的特点。

六、药典标准

1. 药材性状

（1）松贝　呈类圆锥形或近球形，高0.3～0.8厘米，直径0.3～0.9厘米。表面类白色。外层鳞叶2瓣，大小悬殊，大瓣紧抱小瓣，未抱部分呈新月形，习称"怀中抱月"；顶部闭合，内有类圆柱形、顶端稍尖的心芽和小鳞叶1～2枚；先端钝圆或稍尖，底部平，微凹入，中心有1灰褐色的鳞茎盘，偶有残存须根。质硬而脆，断面白色，富粉性。气微，味微苦。

（2）青贝　呈类扁球形，高0.4～1.4厘米，直径0.4～1.6厘米。外层鳞叶2瓣，大小相近，相对抱合，顶部开裂，内有心芽和小鳞叶2～3枚及细圆柱形的残茎。

（3）炉贝　呈长圆锥形，高0.7～2.5厘米，直径0.5～2.5厘米。表面类白色或浅棕黄色，有的具棕色斑点。外层鳞叶2瓣，大小相近，顶部开裂而略尖，基部稍尖或较钝。

（4）栽培品　呈类扁球形或短圆柱形，高0.5～2厘米，直径1～2.5厘米。表面类白色或浅棕黄色，稍粗糙，有的具浅黄色斑点。外层鳞叶2瓣，大小相近，顶部多开裂而较平。

2. 鉴别

本品粉末类白色或浅黄色。

（1）松贝、青贝及栽培品　淀粉粒甚多，广卵形、长圆形或不规则圆形，有的边缘不平整或略作分枝状，直径5～64微米，脐点短缝状、点状、人字状或马蹄状，层纹隐约可见。表皮细胞类长方形，垂周壁微波状弯曲，偶见不定式气孔，圆形或扁圆形。螺纹导管直径5～26微米。

（2）炉贝　淀粉粒广卵形、贝壳形、肾形或椭圆形，直径约至60微米，脐点人字状、星状或点状，层纹明显。螺纹导管和网纹导管直径可达64微米。

3. 检查

（1）水分　不得过15.0%。

（2）总灰分　不得过5.0%。

4. 浸出物

照醇溶性浸出物测定法项下的热浸法测定，用稀乙醇作溶剂，不得少于9.0%。

七、仓储运输

1. 仓储

①按照各种规格进行真空包装，避免直接与空气的接触，包装外需要详细标明本批次产品的种源、产地、技术负责人、检验检测单位等所有相关信息。

②产地加工期间及商品库存期间需要防虫、防鼠。

③对真空包装的川贝药材包装进行定期检查并记录相关检查信息。

2. 运输

①运输环节需要详细记录出库信息、采购单位、产品的运输环节及最终投料产品的信息等。

②运输过程中对直接接触产品的包装需要进行防护，防止运输过程中包装破损而导致受到污染、变质等。

八、药材规格等级

（1）种球　横径1.5～2.5厘米，纵径1～1.5厘米，没有损伤创面的川贝母鳞茎作为种球级鳞茎。

（2）一级　横径1.5～2厘米，纵径≤1.5厘米，没有损伤创面的川贝母鳞茎，是直接以原料为商品的鳞茎。

（3）二级　横径≤1.5厘米，中心垂直高度1.5～2厘米，没有损伤创面的川贝母鳞茎。

（4）三级　横径≤1厘米，纵径≥2厘米，有损伤面的川贝母鳞茎。

（5）四级　品相不完整的鳞茎及脱落的鳞茎片。

九、药用食用价值

川贝有润肺止咳，化痰平喘，清热散结的功效，用于热证咳嗽，如风热咳嗽、燥热咳嗽、肺火咳嗽。川贝有镇咳、祛痰、降压作用及一定的抗菌作用。

方一：二母宁嗽丸。川贝母225克，石膏300克，黄芩180克，茯苓150克，陈皮150

克，知母225克，炒栀子180克，蜜桑白皮150克，炒瓜蒌子150克，麸炒枳实150克，五味子（蒸）30克，炙甘草30克。以上十二味，粉碎成细粉，过筛，混匀。每100克粉末加炼蜜40～60克及适量水制成水蜜丸，干燥；或加炼蜜115～135克制成大蜜丸，即得。本品为棕褐色的水蜜丸或大蜜丸；气微香，味甜，微苦。具有清肺润燥，化痰止咳之功。用于燥热蕴肺所致的咳嗽、痰黄而黏不易咳出、胸闷气促、久咳不止、声哑喉痛。

方二：小儿止嗽糖浆。玄参14克，胆南星14克，焦槟榔10克，竹茹10克，天花粉10克，麦冬14克，杏仁水12毫升，桔梗10克，桑白皮10克，川贝母10克，瓜蒌子10克，炒紫苏子7克，紫苏叶油0.02毫升，甘草10克，知母7克。以上十五味，除杏仁水、紫苏叶油外，桔梗、川贝母、炒紫苏子、知母粉碎成粗粉，用60%乙醇作溶剂，浸渍28小时后进行渗漉，收集渗漉液187毫升；其余玄参等九味加水煎煮二次，每次2小时，煎液滤过，滤液合并，浓缩至适量，与上述渗漉液合并，混匀，静置，取上清液；沉淀加60%乙醇，混匀，静置，取上清液，余液滤除沉淀，与上清液合并，回收乙醇并浓缩至适量，加入用乙醇溶解的紫苏叶油及杏仁水、单糖浆750毫升、苯甲酸钠3克，混匀，静置，滤过，加水至1000毫升，搅匀，灌装，即得。本品为深棕色的澄清液体；气香，味甜、微苦。具有润肺清热、止嗽化痰之功。用于小儿痰热内蕴所致的发热、咳嗽、黄痰、咳吐不爽、口干舌燥、腹满便秘、久嗽痰盛。

方三：小儿化毒散。人工牛黄8克，雄黄40克，黄连40克，天花粉80克，赤芍80克，没药（制）40克，珍珠16克，大黄80克，甘草30克，川贝母40克，乳香（制）40克，冰片10克。以上十二味，除人工牛黄、冰片外，雄黄水飞成极细粉，珍珠水飞或粉碎成极细粉；其余乳香等八味粉碎成细粉；将冰片研细，与人工牛黄及上述粉末配研，过筛，混匀，即得。本品为杏黄色至棕黄色的粉末；味苦，有清凉感。有清热解毒、活血消肿之功。用于热毒内蕴、毒邪未尽所致的口疮肿痛、疮疡溃烂、烦躁口渴、大便秘结。

参考文献

[1] 嘎务. 藏药晶镜本草[M]. 北京：民族出版社，1995.

[2] 中国科学院中国植物志编委会. 中国植物志[M]. 北京：科学出版社，1980.

鸡蛋参

ji dan shen

本品为桔梗科党参属植物辐冠党参*Codonopsis convolvulacea* Kurz. subsp. *vinciflora*（Kom.）Hong的干燥块茎，是习用藏药材，味甘。属于Ⅰ级（濒危）濒临灭绝状态的藏药野生物种。

一、植物特征

多年生草质缠绕藤本。茎基极短而有少数瘤状茎痕。根块状，近于卵球状或卵状，长2.5～5厘米，直径1～1.5厘米，表面灰黄色，上端具短细环纹，下部则疏生横长皮孔。茎缠绕或近于直立，不分枝或有少数分枝，长可达1米，无毛或被毛。叶互生或有时对生，均匀分布于茎上或密集地聚生于茎中下部，被毛或无毛；完全无叶柄至有长达5.5厘米的长叶柄。叶片几乎条形至宽大卵圆形，叶基楔形、圆钝或心形，顶端钝、急尖或渐尖，全缘或具波状钝齿，质地纸质或膜质，长2～10厘米，宽0.2～10厘米。花单生于主茎及侧枝顶端；花梗长2～12厘米，无毛；花萼贴生至子房顶端，裂片上位着生，筒部倒长圆锥状，长3～7毫米，直径4～10毫米，裂片狭三角状披针形，顶端渐尖或急尖，全缘，长0.4～1.1厘米，宽1～5毫米，无毛，裂片尖狭或稍钝；花冠辐状而近于5全裂，裂片椭圆形，长1～3.5厘米，宽0.6～1.2厘米，淡蓝色或蓝紫色，顶端急尖；花丝基部宽大，内密被长柔毛，上部纤细，长仅1～2毫米，花药长4～5毫米。蒴果上位部分短圆锥状，裂瓣长约4毫米，下位部分倒圆锥状，长1～1.6厘米，直径8毫米，有10条脉棱，无毛。种子极多，长圆状，无翼，长1.5毫米，棕黄色，有光泽。花期8月，果期9月。野生辐冠党参如图1所示。

二、资源分布概况

在西藏主要分布于波密、米林、林芝、索县、林周、拉萨、南木林，生长于海拔3000～4600米的灌丛、草地及农田中。

图1　辐冠党参

三、生长习性

喜生长于气候温和的河滩地及农田中。耐寒性较强，可耐受−15℃以下的低温。种子在18℃左右、湿度在50%的条件下开始萌发，发芽适宜温度20～25℃，新鲜种子发芽率可达70%以上。本种块茎似马铃薯，主要采用块茎无性繁殖。辐冠党参对土壤的要求较严格，疏松肥沃的砂质壤土有利于其生长。

四、栽培技术

（一）选地整地

育苗地应选取向阳、靠近水源、疏松较肥沃、排水良好的砂质壤土。前茬最好为豆科作物。每亩施用1000～1500千克的有机肥。均匀撒入地表面，深耕25～30厘米，整平耙细，作宽1.2米、高20厘米的高畦，畦周围挖好排水沟，沟宽25厘米。栽植地应选向阳坡地，地势较高，土层深厚，排水良好的砂质壤土种植，每亩施有机肥2500千克左右，加过磷酸钙20～30千克，混合后均匀撒施地面，然后耕翻土壤深30厘米左右。整平耙细，作宽

1.2米、高15厘米的高畦，畦长因地势而宜。

（二）繁殖方法

（1）种子繁殖　采用育苗移栽，少用直播。因种子细小，直播不易出苗成活。秋季播种，秋播在封冻前进行，播种前种子可用温水浸种催芽，5天后种子裂口即可播种。畦面要浇透水，等水渗下后，可采用撒播或条播。

（2）块茎种植　多在4月中旬进行，先将块茎沿芽眼处切成小块，栽培时按株距10厘米、行距20厘米，多采用挖穴栽培，栽培后及时浇透水。

（三）田间管理

（1）中耕除草　除草是保证辐冠党参产量的主要措施之一。因此应做到勤除杂草，特别是苗期更要注意除草。一般要进行三次，在苗高5～10厘米时进行第一次中耕除草，苗小根浅，松土要浅，以后每半月进行一次，第三次中耕应深些。

（2）追肥　通常在搭架前追施一次畜粪尿，每亩1000～1500千克，结合中耕除草施在沟内，也可在开花前根外追肥，以微量元素和磷肥为主，每亩施磷酸铵溶液5千克，喷于叶面。

（3）排灌水　栽培后要及时灌水，以防参苗干枯，保证成活率，成活后少灌水，雨季应及时排出积水，防止烂根。

（4）搭架　辐冠党参是草质缠绕藤本，因此，当苗高20厘米时，便可在药田上方通过拉绳的方式搭架，具体方式：在药材上方30厘米处将绳拉成"十"字形，最终形成网格，网格大小为40厘米×40厘米即可。

（四）病虫害及其防治

1. 病害

（1）锈病　发病症状：病原是真菌中一种担子菌。危害叶片，6～7月发生严重。病部叶背略隆起（夏孢子堆），后期破裂散出橙黄色夏孢子。叶片早枯。

防治方法 ①收获后清园，烧毁地上部病残株；②发病初期喷25%粉锈宁1000～1500倍液或90%敌锈钠400倍液，每7～10日一次，连续喷2～3次。

（2）根腐病 发病症状：病原是真菌中一种半知菌。发病植株须根和侧根变黑色，而后主根腐烂，植株枯萎死亡。6月上旬发病严重。

防治方法 ①收获后清园，烧毁病株；②雨季注意排水；③忌连作；④整地时每亩用1千克五氯硝基苯进行土壤消毒；⑤及时清除病株，并用5%石灰乳消毒病穴。

2. 虫害

主要有地老虎、蛴螬、蝼蛄等害虫，危害地下根及咬伤幼苗的茎。可用毒饵诱杀幼虫，用黑光灯诱杀成虫或药物喷杀。

辐冠党参人工种植的大田示范如图2所示。

图2 辐冠党参人工种植大田示范

五、采收加工

1. 采种

定植后当年便开花结果，9～10月种子变褐色时采种，小面积种植可即熟即采，大面积可一次性采收。晒干脱粒，放在干燥、凉爽、通风处贮藏。

2. 采收加工

栽培后当年秋季收获，也可第二年春季收获，采挖时将较大的留作药用，小的继续作种用。用作药材的鸡蛋参需用80～90℃的沸水烫煮3～5分钟（由于鸡蛋参富含多糖，传统晾晒很难干燥），然后晒至柔软时，用手揉搓去皮再晒，直至药材含水量<12%时收纳贮藏，贮藏时，放于凉爽处，防潮湿、防止虫蛀变质。以个体圆滑，无病斑者为佳。

1cm

图3　鸡蛋参药材

鸡蛋参药材如图3所示。

六、部颁标准

目前鸡蛋参尚未被《中国药典》收录，只有1995年版的《中华人民共和国卫生部药品标准》（藏药第一册）中有相关描述，详细记录如下。

1. 药材性状

本品呈不规则的卵圆形、圆形，长径2～3厘米，短径13～28毫米。表面灰褐色、灰白色或淡褐色，具不规则的须根痕。外皮呈片状剥离，外皮脱落后显类白色、淡黄白色或淡黄褐色，皱缩不平，有纵向或横向沟纹，有稍凸起的须根痕。上部有茎痕，近茎痕处有细密的环状纹理。质较坚实，破碎后，断面淡黄白色或粉白色，略显角质状。气微，味甜、微苦。

2. 鉴别

本品粉末呈类白色。淀粉粒众多；类圆形、卵圆形、盔帽状，脐点点状、人字形、裂隙状，直径4～13微米；复粒由2～3粒组成。菊糖众多，扇状，散在薄壁细胞中，半径21～43微米，扇幅29～54微米。乳管直径5～29微米。网纹导管直径18～61微米，螺纹导管偶见。木栓组织碎片浅棕黄色。

七、仓储运输

1. 仓储

在鸡蛋参的仓储过程中，主要注意以下几个方面：阴凉避光；温度低于20℃；空气湿度控制在40%以下；密闭保存；严防鼠害、虫害与霉变。

2. 运输

在鸡蛋参的运输过程中，主要注意以下几个方面：尽量单独运输，避免与串味或有毒性的药材一起运输，切忌与鲜活农产品混合运输；长途运输过程中务必要做好防水处理，避免因水湿引起霉变。

八、药材规格等级

市场上的鸡蛋参多来自于野生资源，品质良莠不齐，多以统货为主，根据其品质可将其分为三个等级。

一级品：质坚，无虫蛀，个体饱满均匀，无指条状个体，25～30头（100克）。

二级品：质坚，无虫蛀，指条状个体少，35～40头（100克）。

三级品：质坚，无虫蛀，个体参差不齐，45头以上（100克）。

九、药用价值

据藏医《晶珠本草》记载：尼哇治胸痛、感冒，并止呕逆，开胃。现代藏医认为鸡蛋参味甘，性平，主要用于清热、治感冒。临床上用于治咳嗽、痰黏稠咳吐不畅，气喘，喉热病，肺热病。

常用配方：十味龙胆丸。高山龙胆50克，鸡蛋参25克，螃蟹甲25克，羽叶点地梅50克，贝母25克，唐古特马尿泡子5克，甘草25克，藏木香40克，黄花杜鹃250克，小檗皮250克，粉碎成细粉，混匀，麦芽糖水泛丸，干燥，即得。可治咳嗽、痰黏稠咳吐不畅、气喘。用于喉热病、肺热病。口服，每次服3克，每日2～3次。（《藏药配方新编》）

参考文献

[1] 顾健. 中国藏药[M]. 北京：民族出版社，2016.
[2] 青海省药品检验所，青海省藏医药研究所. 中国藏药：第一卷[M]. 上海：上海科学技术出版社，1990.

工布乌头
gong bu wu tou

本品为毛茛科乌头属植物工布乌头*Aconitum kongboense* Lauener的主根，又名雪山一支蒿。味辛、苦，性大热，大毒。

一、植物特征

多年生草质缠绕藤本。块根近圆柱形，长8厘米，粗1.5厘米。茎直立，粗壮，高达180厘米，上部与花序均密被反曲的短柔毛，不分枝或分枝。叶片心状卵形或带五角形，长及宽均达15厘米，三全裂，中央全裂片菱形，渐尖，中部以上近羽状分裂，深裂片线状披针形或披针形，侧全裂片斜扇形，不等二深裂，两面无毛或近无毛；叶柄与叶片等长或短。顶生总状花序长达60厘米，有多数花，与分枝的花序形成圆锥花序；下部苞片叶状，其他苞片披针形或钻形；花梗长1～10厘米；小苞片生花梗中部之上或中部附近，下部花梗的小苞片大，似叶，上部花梗的小，线形；萼片白色带紫色或淡紫色，外面被短柔毛，上萼片盔形，有时船状盔形，具短爪，高1.5～2厘米，自基部至喙长1.5～2厘米，下缘凹，外缘稍斜，喙三角形，长约5毫米，侧萼片长1.5厘米，下萼片长1.3～1.5厘米；花瓣疏被短毛，瓣片长约8毫米，唇长约3.5毫米，末端微凹，距长约2毫米，向后反曲；雄蕊无毛，花丝全缘；心皮3～4，无毛或疏被白色短柔毛。花期7～8月，果期9月。野生工布乌头如图1所示。

图1　野生工布乌头

二、资源分布概况

在西藏主产于贡觉、拉萨、工布江达、林芝、朗县、错那，生于海拔3050～3650米的山坡草地或灌丛中。

三、生长习性

工布乌头喜凉爽湿润气候、阳光充足。适宜疏松肥沃，排水良好的砂质壤土。喜湿、怕旱及高温积水，耐寒，生长温度10～30℃，最适温度为20～25℃，适应性较强，易引种栽培。种子的寿命较短。

四、栽培技术

（一）选地整地

选择土层深厚，疏松肥沃，排水良好的砂质壤土。每亩施厩肥2500～3000千克，施加过磷酸钙15千克为基肥，深翻30～35厘米。整平耙细。作宽1.2米，高15厘米，长因地而宜的高畦，或起高60厘米的垄，待播种。

（二）繁殖方法

种子繁殖时间长，易变异且效率低，因此不常采用。常用块根繁殖。

栽培方法：10月上、中旬为栽种适宜期。在整平的畦面上，按行距15～20厘米开沟，深10厘米左右，在沟里按株距15厘米栽种，位置放正。芽嘴向上，培土栽好，芽上覆土3～6厘米，稍加压实。或在起好的垄上，按株距15厘米栽种即可。块根小的株距可稍小点。每亩栽种块根3000～4000株。

（三）田间管理

（1）中耕除草　翌春返青后，当苗高5厘米时进行中耕除草，连续3次。垄种可进行三铲三趟中耕培土。

（2）修根　为促进主根和侧根生长，应及时去掉多余的侧根。于5月下旬，用心形的小铁铲将乌头根部周围的泥土轻轻挖开，现出母根和侧根，留较大的，而且是相对位置的两个侧根。去掉多余的侧根，注意不要伤主根或松动植株。

（3）追肥　一般追肥三次，第一次追苗肥，每亩施厩肥1500千克，尿素151千克。第二次在6月中旬施绿肥2000千克。第三次在7月中旬，这时气温较高，块根膨大，每亩施厩肥4000千克，加过磷酸钙15千克。间隔两株开穴施入，前后两次开穴要错开。施完要整平畦面，使之隆起便于排水。

（4）打顶芽和侧芽　5月下旬摘去顶芽，一般保留8～10片叶。当顶端腋芽长出后，待4～5片叶时，再将腋芽摘尖。以后每周摘芽1～2次，将下方生长的腋芽及时掰掉，掰芽时勿伤叶片。

（5）浇灌排水　生长期必须保持适当湿润，干旱时要注意浇灌水，雨季要注意及时排除积水。

（四）病虫害及其防治

1. 病害

（1）白绢病　病原是真菌中的一种半知菌。危害块根。染病后块根开始腐烂，茎上叶片由下而上逐渐变黄，块根大部分腐烂时，叶片枯萎，最后全株死亡。在土面或根部可见到白色绢丝状菌丝和老熟似褐色菜籽状菌核。

防治方法 ①可与禾本科植物轮作；②雨季及时排水；③种植前每亩用1千克五氯硝基苯处理土壤；④用50%多菌灵或50%甲基托布津1000倍液灌根；⑤发现病株连同周围的土一起挖出，撒石灰消毒病穴。

（2）霜霉病 病原为真菌中一种藻状菌，俗称"灰苗"。危害叶片。感病后叶片边缘反卷，叶色灰白，叶背产生淡紫色的霉层，蔓延枯死。

防治方法 ①苗期彻底拔除病苗，并用5%石灰乳消毒病穴；②发病前或初期喷1：1：120波尔多液或乙膦铝500倍液防治。

（3）萎蔫病 6～8月危害最重。病株茎上出现长形黑色条纹，叶脉呈黑色油浸状云纹，叶柄上有黑褐色条纹，叶片逐渐变黄或红紫色，枯焦死亡。

防治方法 彻底去掉带病块根，栽种时块根用40%多菌灵胶悬剂500倍液浸3小时。

2. 虫害

有危害主根的金龟子幼虫；危害叶的夜蛾幼虫等。可用毒饵、黑光灯诱杀及杀虫剂喷杀。

工布乌头人工种植的大田示范如图2所示。

图2 工布乌头人工种植大田示范

五、采收加工

1. 采收

乌头栽后第二年8月中下旬即可收获，留种地推迟到秋天随挖随栽。从畦一侧刨起块根，切去地上部茎叶，将侧根（泥附子）与母根（乌头）分开，抖去泥土，生品可出售或加工。

2. 加工

乌头含乌头碱，有剧毒，一般需经加工后才可供药用。加工主要过程是将挖取的生乌头洗净泥土，用胆巴水（主要成分有氯化镁、硫酸钙、氯化钙及氯化钠等）浸泡，再经蒸煮、漂浸及烤熏等过程，侧根可加工成白附片、黑顺片、熟片、卦片、薄黑片、漂片、柳叶片、厚黑片、盐附子等。产量一般为亩产乌头干货200～300千克。

工布乌头鲜药材如图3所示。

图3　工布乌头鲜药材

六、地方标准

《西藏自治区藏药材标准》（第二册）收载了工布乌头，藏语名榜那，其标准如下。

1. 药材性状

本品呈不规则长圆锥形，略弯曲，长2～7厘米，直径6～18毫米。顶端常有残茎和少数不定根残基，有的顶端一侧有一枯萎的芽，另一侧有一圆形不定根残基。表面灰褐色或黑棕褐色，光滑或有浅纵皱纹、点状须根痕和数个瘤状侧根，子根附生于其上。质硬，断面灰白色或暗灰色，有裂隙，形成层环纹多角形或类圆形，髓部较大或中空。味辛辣，麻舌。

2. 鉴别

（1）横切面　后生皮层为1列棕黄色栓化细胞；皮层有石细胞，单个散在或2～5个成群，类长方形、方形或长圆形，胞腔大；内皮层明显。韧皮部宽广，常有不规则裂隙，筛管群随处可见。形成层环呈不规则多角形或类圆形。木质部导管1～4列或数个相聚，位于形成层角隅的内侧，有的内含棕黄色物。髓部较大。薄壁细胞充满淀粉粒。淀粉粒单粒类圆形，直径2～23微米；复粒由2～16分粒组成。石细胞无色，与后生皮层连接的显棕色，呈类方形、类长方形、类圆形、梭形或长条形，直径20～33微米，长400微米，壁厚薄不一，壁厚者层纹明显，纹孔细，有的含棕色物。后生皮层细胞棕色，表面观呈类方形或长多角形，壁不均匀增厚，有的呈瘤状突入细胞腔。

（2）粉末特征　本品粉末灰白色。淀粉粒众多，单粒呈类球形、多角形或盔帽形，直径4～11微米，脐点明显，呈点状、星状或裂隙状，复粒由2～5分粒组成，导管网纹为主，稀梯纹。后生皮层细胞黄棕色，呈长方形、类圆形，不甚规则。皮层细胞扁平，无色或淡棕黄色。石细胞极少见，呈长方形，腔大，壁孔明显，密集。

七、仓储运输

1. 仓储

在工布乌头的仓储过程中，主要注意以下几个方面：密闭保存，注意防潮；严防鼠害、虫害与霉变。

2. 运输

在工布乌头的运输过程中，主要注意以下几个方面：乌头具有毒性，应单独运输；运输途中应注意防水和防潮。

八、药材规格等级

市场上的工布乌头多来自野生资源，以统货为主。质量以每千克80个以内，无空心腐烂，须根少，无泥块、杂质为合格品；以个大、质坚实，断面白色、粉质多、饱满者为佳。

九、药用价值

据《西藏植物志》记载："工布乌头块根药用，治跌打损伤、风湿等症。有毒。"据《藏药志》第二卷记载：苦、寒、有大毒；清热退烧，止痛，祛风除湿：治流行性感冒及各种传染病引起的发烧、风湿、跌打损伤及疮疖肿毒等。

参考文献

[1]　中国科学院中国植物志编委会. 中国植物志[M]. 北京：科学出版社，2001.

[2]　国家中医药管理局《中华本草》编委会. 中华本草：藏药卷[M]. 上海：上海科学技术出版社，2002.

[3]　帝玛尔·丹增彭措. 晶珠本草[M]. 上海：上海科学技术出版社，1986.

[4]　吴征镒. 西藏植物志[M]. 北京：科学出版社，1983.

[5]　中国科学院西北高原生物研究所. 藏药志[M]. 西宁：青海人民出版社，1991.

[6]　阿萍，王锋鹏. 工布乌头中生物碱成分研究[J]. 天然产物研究与开发，2002（5）：37-39.

[7]　青海省药品检验所，青海省藏医药研究所. 中国藏药：第二卷[M]. 上海：上海科学技术出版社，1990.

党参

dang　shen

本品为桔梗科党参属植物党参*Codonopsis pilosula*（Franch.）Nannf.、素花党参*Codonopsis pilosula* Nannf. var. *modesta*（Nannf.）L. T. Shen或川党参*Codonopsis tangshen* Oliv.的干燥根。本品味甘，微甜，性平。归脾、肺经。可补脾胃、益肺气、养血、生津。

本书仅介绍党参*Codonopsis pilosula*（Franch.）Nannf.的相关内容。

一、植物特征

多年生草质藤本。根胡萝卜状，分枝，圆锥形，肉质，表面灰黄色至灰棕色，上端部分有细密环纹，下部则疏生横长皮孔。根头粗大，具多数瘤状茎痕，称"狮子盘头"。茎细长多分枝，侧枝长达30厘米，幼嫩部分有细白毛，常为暗紫色，缠绕，断面有白色乳汁。叶对生或互生，有柄，叶片卵形或广卵形，全缘，两面有毛。花单生于叶腋或顶生；花萼绿色，先端5裂，无毛；花冠广钟形，黄绿色带紫色斑点，雄蕊5，雌蕊1枚，子房3室。蒴果圆锥形。种子多数，细小，红褐色有光泽，千粒重为0.31～0.35克。花期7～8月，果期9～10月。野生党参如图1所示。

图1　野生党参

二、资源分布概况

党参为我国特有植物。主要分布于四川，在西藏主要分布于波密、林芝、米林等地。生长于海拔3000米左右的山坡灌丛中或草地上。其藏药名为"鲁堆多吉"。

三、生长习性

适应性较广，西藏东南部地区均可进行人工种植。喜生长于气候温和的沟谷、山坡草地或灌丛等。耐寒性较强，可耐受−30℃以下的低温。种子在15℃左右，湿度50%的条件下开始萌发，发芽适宜温度18～20℃，新鲜种子发芽率可达90%以上。第二年可达80%，第三年后种子丧失发芽力，不宜作种。

党参对光的要求较严格，幼苗期喜荫，成株期喜光。在强烈的阳光下幼苗易被晒死，故幼苗期应适当遮阴。成株期阳光不足则生长不良，影响产量。

要求土层深厚，疏松较肥沃的砂质壤土，有利于根部生长，不宜在黏土、低洼地、盐碱地和连作地上种植。

四、栽培技术

（一）选地整地

育苗地应选取向阳、靠近水源、疏松较肥沃、排水良好的砂质壤土。前茬最好为豆科作物。每亩施用1500～2500千克的农家肥。均匀撒入地表面，深耕25～30厘米，整平耙细，作高畦，畦宽1.2米，高20厘米，畦周围挖好排水沟，沟宽45厘米。栽植地应选向阳坡地，地势较高，土层深厚，排水良好的砂质壤土种植，每亩施有机肥3500千克左右，加过磷酸钙40～50千克，混合后均匀撒施地面，然后耕翻土壤深30厘米左右。整平耙细，作床宽1.2米，高15厘米，长因地势而宜。

（二）繁殖方法

用种子繁殖，常采用育苗移栽，少用直播。因种子细小，直播不易出苗成活。

（1）育苗　春、夏、秋三季均可播种，春播在4月中下旬，夏播在多雨季节，秋播在封冻前。夏播和秋播出苗整齐，春播常因春旱而出苗不齐。播种前种子可用温水浸种催芽，5～6日种子裂口即可播种。畦面要浇透水，等水渗下后，可采用撒播或条播。撒播：将种子拌细砂均匀撒于畦面，再稍盖薄土，以盖住种子为宜，约0.5厘米左右，然后轻轻镇压使种子与土紧密结合，以利于出苗，每亩播种量约为1千克。条播：按行距10厘米，开1厘米浅沟，同样覆盖薄土，每亩播种量0.5～1千克。播后畦面用麦秆覆盖保湿，经常保持土壤湿润，以利于出苗。出苗后，可将麦秆揭开，不可一次全揭开，以防烈日晒死幼苗。当苗高15厘米时可将麦秆全部揭开。

（2）移栽　可分春栽或秋栽，春栽多在5月，秋栽于10月下旬地上部枯萎时栽培，栽培时按株距5～10厘米，行距20厘米，多采用开沟栽培，先开一沟将根斜放于沟内，紧接着开第二条沟，开第二条沟的土用来覆盖第一行，依次再栽培第二行，栽培后及时浇足定根水。

（三）田间管理

（1）中耕除草　除草是保证党参产量的重要措施之一。因此应做到勤除杂草，特别是苗期更要注意除草。一般要进行三次，在苗高5～10厘米时进行第一次中耕除草，苗小根浅，松土要浅，以后每半月进行一次，第三次中耕应深些。

（2）追肥　通常在搭架前追施一次畜粪尿，每亩1000～1500千克，结合中耕除草追在沟内，也可在开花前根外追肥，以微量元素和磷肥为主，每亩施磷酸铵溶液5千克，喷于叶面。

（3）排灌水　栽培后要及时灌水，以防参苗干枯，保证成活率，成活后少灌水，雨季应及时排出积水，防止烂根。

（4）搭架　当苗高30厘米时搭架，使茎蔓攀架生长。搭架方法可根据具体条件和习惯灵活选择，常用方法是用细竹竿每两行搭成"八字形"架，其主要目的是便于通风透光，使植株生长旺盛，提高抗病力，增加参根和种子的产量。

（四）病虫害及其防治

1. 病害

（1）锈病　发病症状：病原是真菌中一种担子菌。危害叶片，6～7月发生严重。病部叶背略隆起（夏孢子堆），后期破裂散出橙黄色夏孢子。叶片早枯。

防治方法　①收获后清园，烧毁地上部病残株；②发病初期喷25%粉锈宁1000～1500倍液或90%敌锈钠400倍液，每7～10日一次，连续喷2～3次。

（2）根腐病　发病症状：病原是真菌中一种半知菌。发病植株须根和侧根变黑色，而后主根腐烂，植株枯萎死亡。6月上旬发病严重。

防治方法　①收获后清园，烧毁病株；②雨季注意排水；③忌连作；④整地时每亩用1千克五氯硝基苯进行土壤消毒；⑤及时清除病株，并用5%石灰乳消毒病穴。

2. 虫害

主要有地老虎、蝼蛄、蝼蛄等害虫，危害地下根及咬伤幼苗的茎。可用毒饵诱杀幼虫，用黑光灯诱杀成虫或药物喷杀。

党参人工种植的大田示范如图2所示。

图2　党参人工种植大田示范

五、采收加工

1. 采种

党参蒴果呈黄白色、内部种子变为褐色时进行采收。党参种子采收遵循"随熟随采，分期采收"的原则。将采收后的蒴果阴干后破碎，然后用风车清选种子。种子采收后清洁田园，地下部分越冬。党参良种繁育田可连续采种4～5次。

2. 采收加工

一般定植后当年秋季收获，也可第二年秋季收获，挖收时勿伤根皮。采收后的参根抖去泥土，按其粗细大小分等级。然后进行晾晒，晒至柔软时，用手整理后再晒，晒干进行贮藏。党参贮藏时，放于凉爽处，防潮湿、防止虫蛀变质。产量为亩产干货100～150千克。折干率3：1。质量以参条粗大、皮肉紧质柔润、味甜者为佳。

党参鲜药材如图3所示。

图3　党参鲜药材

六、药典标准

1. 药材性状

本品呈长圆柱形，稍弯曲，长10～35厘米，直径0.4～2厘米。表面灰黄色、黄棕色至灰棕色，根头部有多数疣状突起的茎痕及芽，每个茎痕的顶端呈凹下的圆点状；根头下有致密的环状横纹，向下渐稀疏，有的达全长的一半，栽培品环状横纹少或无；全体有纵皱纹和散在的横长皮孔样突起，支根断落处常有黑褐色胶状物。质稍柔软或稍硬而略带韧性，断面稍平坦，有裂隙或放射状纹理，皮部淡棕黄色至黄棕色，木部淡黄色至黄色。有特殊香气，味微甜。

2. 鉴别

本品横切面：木栓细胞数列至10数列，外侧有石细胞，单个或成群。栓内层窄。韧皮部宽广，外侧常现裂隙，散有淡黄色乳管群，并常与筛管群交互排列。形成层成环。木质部导管单个散在或数个相聚，呈放射状排列。薄壁细胞含菊糖。

3. 检查

（1）水分　不得过16.0%。

（2）总灰分　不得过5.0%。

（3）二氧化硫残留量　照二氧化硫残留量测定法测定，不得过400毫克/千克。

4. 浸出物

照醇溶性浸出物测定法项下的热浸法测定，用45%乙醇作溶剂，不得少于55.0%。

七、仓储运输

1. 仓储

在党参的仓储过程中，主要注意以下几个方面：阴凉避光；温度低于20℃；空气湿度控制在40%以下；密闭保存；严防鼠害、虫害与霉变。

2. 运输

在党参的运输过程中，主要注意以下几个方面：尽量单独运输，避免与串味或有毒性的药材一起运输，切忌与鲜活农产品混合运输；长途运输过程中务必要做好防水处理，避免因水湿引起霉变。

八、药材规格等级

市场上的党参多来自于野生资源，品质良莠不齐，多以统货为主，根据其品质可将其分为三个等级。

一等：干货。呈圆锥形，头大尾小，上端多横纹。外皮粗松，表面呈黄色或灰褐色。断面黄白色，有放射状纹理。糖质多、味甜。芦下直径1.5厘米以上。无油条、杂质、虫蛀、霉变。

二等：干货。呈圆锥形，头大尾小，上端多横纹，外皮粗松，表面呈黄色或灰褐色。断面黄白色，有放射状纹理。糖质多、味甜。芦下直径1厘米以上，无油条、杂质、虫蛀、霉变。

三等：干货。呈圆锥形，头大尾小，上端多横纹，外皮粗松，表面呈黄色或灰褐色。断面黄白色，有放射状纹理。糖质多、味甜。芦下直径0.6厘米以上，油条不超过15%。无杂质、虫蛀、霉变。

九、药用食用价值

党参归脾、肺经。主要功能：补脾胃、益肺气、养血、生津。用于：①中气不足，脾胃虚弱，食少便溏，四肢倦怠等。可与白术、茯苓等同用。②肺气亏虚、气短喘息、声音低弱，可与黄芪、五味子等同用。③脾虚气陷、脱肛、胃及子宫脱垂。常配黄芪、升麻以升举中气。④血虚或气血两虚，面色萎黄，头晕心慌等，可以本品补气生血，常与熟地黄、当归、白芍等配用。⑤热伤津气，气短口渴，可配麦冬、五味子。此外，治体虚外感，可与解表药同用；治正虚里实，可与泻下药同用。

方一：党参200克，安息香100克，乳香100克，诃子150克，毛诃子100克，余甘子100克，藏菖蒲150克，儿茶50克，木香100克，鸭嘴花100克，黄葵子80克，高山紫堇100克，决明子80克，草乌100克，手掌参100克，宽筋藤100克，渣驯膏50克，麝香2克。共研细粉，泛丸如绿豆粒大小。治风湿痹症、麻风病、皮肤病、疮疖痈肿、脚掌红肿及湿疹。一次4～5丸，一日3次。

方二：党参50克，结血蒿35克，镰形棘豆30克，红轮千里光35克，绵毛独活30克，寒水石30克。共研细粉，过筛后，再加入麝香粉1克，兑研均匀。治关节风寒湿痹，关节红肿，关节积黄水。一次2克，一日2次。

方三：藏党参200克，藏菖蒲150克，诃子150克，鸭嘴花、高山紫堇、白芸香、藏木香、安息香、余甘子、毛诃子、铁棒锤各100克，黄花木、宽筋藤、大麻子、多什加各80克，渣驯膏50克，手掌参30克。共研细粉，过筛后，再加入麝香粉10克，兑研均匀。治风寒湿痹、关节红肿、关节积黄水。一次2克，一日3次。

参考文献

[1] 中国科学院中国植物志编委会. 中国植物志[M]. 北京：科学出版社，1983.

[2] 鲍隆友. 西藏党参属植物资源及光萼党参栽培技术[J]. 中国林副特产，2006（3）：37–39.

[3] 青海省药品检验所，青海省藏医药研究所. 中国藏药：第一卷[M]：上海：上海科学技术出版社，1990.

bai　he

百合

本品为百合科植物卷丹*Lilium lancifolium* Thunb.、百合*Lilium brownii* F. E. Brown var. *viridulum* Baker或细叶百合*Lilium pumilum* DC.的干燥肉质鳞叶。秋季采挖，洗净，剥取鳞叶，置沸水中略烫，干燥。味甘，微苦，性平。具有润肺止咳、清心安神功能。主治肺热咳嗽、痰少带血、烦躁失眠、神志不安、鼻出血、闭经等症。西藏区产百合药材以卷丹为主，故以下主要介绍卷丹的栽培技术。

一、植物特征

多年生草本植物。鳞茎近宽球形，高约3.5厘米，直径4～8厘米；鳞片宽卵形，长2.5～3厘米，宽1.4～2.5厘米，白色。茎高0.8～1.5米，带紫色条纹，具白色绵毛。叶散生，矩圆状披针形或披针形，长6.5～9厘米，宽1～1.8厘米，两面近无毛，先端有白毛，边缘有乳头状突起，有5～7条脉，上部叶腋有珠芽。花3～6朵或更多；苞片叶状，卵状披针形，长1.5～2厘米，宽2～5毫米，先端钝，有白绵毛；花梗长6.5～9厘米，紫色，有白色绵毛；花下垂，花被片披针形，反卷，橙红色，有紫黑色斑点；外轮花被片长6～10厘米，宽1～2厘米；内轮花被片稍宽，蜜腺两边有乳头状突起，尚有流苏状突起；雄蕊四面张开；花丝长5～7厘米，淡红色，无毛，花药矩圆形，长约2厘米；子房圆柱形，长1.5～2厘米，宽2～3毫米；花柱长4.5～6.5厘米，柱头稍膨大，顶端3裂；蒴果狭长卵形，长3～4厘米，有种子多数，种子扁平，具三角形翅。花期7～8月，果期9～10月。卷丹如图1所示。

二、资源分布概况

产于江苏、浙江、安徽、江西、湖南、湖北、广西、四川、青海、西藏、甘肃、陕西、山西、河南、河北、山东和吉林等地。在西藏主要分布于察隅、林芝，生于山坡砾石草地、田边等处，海拔2700～3000米。

三、生长习性

适应性较强，喜光照，但耐阴性较强。喜凉爽，较耐寒，最适宜温度20～25℃，高于28℃生长受阻，地下鳞茎可耐−30℃的低温。

图1　卷丹

耐干旱，怕水涝。喜肥沃疏松、土层深厚、排水良好的砂质壤土，pH 5.5～6.5为宜。潮湿低洼地不宜种植。前茬以豆科作物较好。忌连作。

四、栽培技术

1. 栽培地的选择

卷丹适宜凉爽、干燥气候。西藏林芝、山南、昌都等地的气候条件均适宜种植；选地时应选择排水条件良好的砂质壤土，也可充分利用果园林间空地进行套种，由于卷丹属多年生草本植物，其地上部分花茎在采果期间已枯死，所以对果树生长不会造成任何影响，同时提高了单位面积的利用率，能创造较好的经济效益。

2. 整地、施肥与土壤消毒

卷丹药用、食用部分为地下鳞茎，野生条件下土壤深度在20厘米以下，栽培地要求做到深翻。为保证它的正常生长发育，翻地深度一般在30厘米左右。整地的过程中要捡净杂草根（如白茅的根一定要清除干净）和石块，翻地的次数一般要求3次。在第3次翻地前每亩施用2000千克的有机肥料，翻好后进行土壤消毒，一般用40%的甲醛溶液配成1∶100倍液喷洒于土壤上，然后用地膜覆盖5～7天，揭膜后晾晒10～15天，待药味完全散尽后方可开始作畦。

3. 作床

为了确保卷丹能正常生长发育，苗床采用低床为佳。苗床的长度视田块情况而定，宽度一般在1.2～1.5米。作床时应将土地整平，以便灌溉时省水省力。

4. 繁殖与栽培方法

卷丹通常以珠芽、小鳞茎繁殖为主，也可用鳞片繁殖。繁殖器官不同，开花所需时间也不等，珠芽繁殖需2年，小鳞茎繁殖需1～2年，鳞片繁殖需3年。因卷丹结实率低或不结实，除杂交育种外，不采用种子繁殖。鳞片扦插生长周期长，一般也不采用鳞片繁殖。

（1）珠芽繁殖　珠芽成熟、快脱落时采收备用，7月中下旬种植。在准备好的苗床上，顺着苗床宽开沟，沟深10厘米，沟宽10～15厘米，沟间距25～30厘米；然后将准备好的珠芽按照每沟40～50颗的密度均匀种植在沟内，盖上3～5厘米厚的腐殖土，然后耙平苗床，浇水。

（2）移栽　若以小鳞茎作为种苗，在秋季采挖商品百合时，将收集的小鳞茎按行距30～40厘米、株距20厘米的规格直接定植，栽培后覆盖10厘米左右的土。通过珠芽繁殖的幼苗，宜在秋季倒苗后进行，将苗床的鳞茎挖出，按照行距30～40厘米、株距20厘米的规格直接定植，栽培后覆盖10厘米左右的土。

5. 田间管理

（1）出苗前的管理　卷丹具有较强的耐寒性，长达60天的冬季低温也不会对卷丹地下鳞茎造成伤害。主要是做好冬季灌溉，每半月灌一次水，有充足的水分才能保证根系的正常生长所需。

（2）苗期的管理　早春（在雨水前后）卷丹的顶芽露出地面向上生长，这一时间要疏松土壤改善其土壤的物理结构，增强透气性。定期进行除草、灌溉；4月份以后进入打顶（也就是去掉顶芽），抑制顶端生长，促进地下鳞茎增大从而提高产量和经济效益。用于培育商品百合的植株还需进行"抹芽"处理，待百合叶腋出现绿豆粒状珠芽时，便将其抹掉，可以增加百合鳞茎的产量与质量。

（3）病虫害防治　叶枯病和灰霉病：发病初期喷洒1%的波尔多液或65%的代森锌600倍液，可以抑制该病菌的蔓延。根腐病：种植时选择无损伤的鳞茎或珠芽，发病时用50%的代森铵200～400倍液灌根。

卷丹人工种植的大田示范如图2所示。

图2　卷丹人工种植大田示范

五、采收加工

1. 采种

卷丹的珠芽与小鳞茎是其重要的延存器官，也是重要的繁殖器官。珠芽的采收通常在6～7月进行，由于珠芽的成熟表现为由下至上的特点，因此采收珠芽时，首先将植株下部的成熟珠芽摘下，并及时栽植在已整好的育苗地中。小鳞茎的采收常伴随秋季采挖商品百合时进行，在采挖商品百合时，将其附属的小鳞茎选出作种，并及时栽植在已整好的育苗地中。

2. 采收加工

成熟的百合药材可在春秋两季采收（春季在休眠鳞茎萌发前采收，秋季在地上部分枯萎后采收）。将采收的药材洗净，在鳞茎基部切一横刀，鳞片即散开，用开水烫或煮5～10分钟，至卷丹边缘柔软或背面有极小的裂纹时，迅速捞出，用清水洗净黏液，摊开晒干。

百合药材如图3所示。

图3 百合药材

六、药典标准

1. 药材性状

本品呈长椭圆形,长2～5厘米,宽1～2厘米,中部厚1.3～4毫米。表面黄白色至淡棕黄色,有的微带紫色,有数条纵直平行的白色维管束。顶端稍尖,基部较宽,边缘薄,微波状,略向内弯曲。质硬而脆,断面较平坦,角质样。气微,味微苦。

2. 检查

(1)水分 不得过13.0%。

(2)总灰分 不得过5.0%。

3. 浸出物

照水溶性浸出物测定法项下的冷浸法测定,不得少于18.0%。

七、仓储运输

1. 仓储

在卷丹的仓储过程中,主要注意以下几个方面:阴凉避光;温度不宜太高(15℃左右);空气湿度控制在40%以下;密闭保存;严防鼠害、虫害与霉变。

2. 运输

在卷丹的运输过程中，主要注意以下几个方面：尽量单独运输，避免与串味或有毒性的药材一起运输，切忌与鲜活农产品混合运输；长途运输过程中务必要做好防水处理，避免因水湿引起霉变。

八、药材规格等级

市场上的百合多来自于人工栽培，各地区品质良莠不齐，多以统货为主，根据其品质可将百合分为三个等级。

一级品：颜色雪白，质坚，无虫蛀，百合鳞片大小基本一致且较为完整。

二级品：颜色较白，质坚，无虫蛀，百合鳞片大小相当且较为完整。

三级品：颜色较白，质坚，无虫蛀，百合鳞片大小差异较大且有部分碎裂。

九、药用食用价值

据藏医《晶珠本草》记载："百合治头伤、中毒病。"让钧多吉说："百合养骨特效。"《如意宝树》中说："百合止月经。"本品之名有阿贝卡、毒合买、亚卓、噶尔保切图、鲁苟亮、冈吉羔木青、毒孜乃交木、阿吾孜、鲁都那保、奥玛增等。《日华子本草》："安心，定胆，益志，养五脏。"《本草纲目拾遗》："清痰火，补虚损。"《中国藏药》："鳞茎治月经，病淋痫。"

七味百合汤：麻黄膏176克，荠菜200克，冷蒿225克，独活根175克，双花堇菜150克，熊胆58克，百合250克。粉碎成粉，混匀，即得。水煎服，每服5克，每日2～3次。用于月经不调、产后出血、头晕、眼花、心悸、脸色苍白等妇女病。(《藏药配方新编》)

参考文献

[1] 中国科学院中国植物志编委会. 中国植物志[M]. 北京：科学出版社，1980.

[2] 罗达尚. 新修晶珠本草[M]. 成都：四川科学技术出版社，2004.

[3] 青海省药品检验所，青海省藏医药研究所. 中国藏药：第三卷[M]. 上海：上海科学技术出版社，1990.

轮叶黄精

lun ye huang jing

本品（藏药黄精）为百合科黄精属植物轮叶黄精*Polygonatum verticillatum*（L.）All.、卷叶黄精*Polygonatum cirrhifolium*（Wall.）Royle的干燥根茎。春、秋挖取根茎。除去茎叶及须根，洗净，切片，晒干。人工栽培以轮叶黄精为多，故以下主要介绍轮叶黄精的栽培技术。轮叶黄精又名鸡头黄精、老虎姜，味甘，性平。有补脾润肺、养阴生津、补中益气等功效。主治体虚乏力、心悸气短、肺燥咳嗽、津亏口干、高血压、糖尿病等症。轮叶黄精的藏药名为"惹尼"，属于Ⅲ级濒危藏药野生物种。

一、植物特征

根状茎横走，黄白色，通常为近圆柱状的连珠状，由多段一头粗一头细的"节间"连接而成，通常粗7～15毫米，粗的一端有短分枝。茎高20～80厘米。叶通常为3叶轮生，少数兼有对生或互生的，长圆状披针形至线状披针形，长6～10厘米，宽1～3厘米，先端渐尖，不卷曲。花1～2朵生于叶腋；总花柄长1～2厘米，俯垂；苞片小，早落；花被淡黄色或淡紫色，长8～12毫米，裂片长2～3毫米；花丝长0.5～2毫米，稍粗糙；花药长约2.5毫米；子房长约3毫米，花柱与子房近等长。浆果红色。具4～12粒种子。花期6～7月，果期8～9月。野生轮叶黄精如图1所示。

二、资源分布概况

在西藏主要分布于吉隆、聂拉木、亚东、嘉黎、工布江达、米林、林芝、波密、贡觉。生长于海拔3000～4200米的山坡林下、灌丛中、河谷岩石上或溪边。

图1　野生轮叶黄精

三、生长习性

生于阴湿的山坡灌丛中及林边草丛中,耐寒性强,喜潮湿,在干旱地区生长不良。栽培时应选择潮湿或较荫蔽的地方。土壤以肥沃疏松、排水良好的砂质壤土生长较好。低洼或干旱的土壤不宜栽种。种子发芽需在25℃左右处理15～20天才能发芽。播下2～3年才能出苗。

四、栽培技术

1. 选地整地

选潮湿肥沃的缓坡山地,或土壤疏松肥沃、排水良好又潮湿的砂质壤土种植,忌连作、瘠薄和干旱。在选好的地上作宽1.2米、高15厘米、长10米以上的高畦待播种。作畦前施足底肥,每亩施3000～4000千克厩肥。深翻30厘米,整平耙细作畦为好。

2. 繁殖方法

主要采用根茎繁殖,很少用种子繁殖,因种子繁殖生长慢,生长周期长。

(1)种子繁殖 9月种子成熟后,立即进行沙藏处理:种子1份、沙土3份混合均匀,置背阴处30厘米的深坑内,保持湿润;待第二年3月下旬筛出种子,按行距12～15厘米均匀撒播到畦面的浅沟内,盖土约1.5厘米,稍压,浇水,盖一层草帘,出苗前去掉其上覆盖的草帘。

(2)根茎繁殖 10月上旬收获时,将根状茎挖出,截成2～3节的小段,伤口晾干或用草木灰封住伤口,栽到整好的畦内。按行距15～20厘米,开6厘米深的沟,将根茎段按株距10～15厘米栽植在沟内,覆土4～6厘米。栽培后4～5天浇透水。于霜冻前在畦上盖一层厩肥,以利越冬保暖。

3. 田间管理

(1)松土除草 出苗后应及时松土除草,保持畦面无杂草。第二、三年因根状茎串根,地上茎生长较密,可人工拔除杂草。

(2)追肥 苗期可开沟施肥,每亩施厩肥1500～2000千克,加过磷酸钙15千克。土冻前施盖头粪10厘米,每年施肥2～3次。

(3)灌、排水 轮叶黄精喜潮湿,应经常浇水。尤其苗期易干旱,更应及时浇水。

7～8月雨季应及时排除积水，防止烂根。

4. 病虫害及其防治

（1）黑斑病　病原是真菌中一种半知菌。5～6月发病较重，危害叶片。感病叶片，从叶尖出现不规则黄褐色病斑，病健部有紫红色边缘。然后病斑蔓延，叶片枯黄。

防治方法　①收获时清园，消灭病残株；②发病前或初期，喷1：1：100波尔多液或50%退菌特1000倍液，每7～10天一次，连续数次。

（2）虫害　蛴螬、地老虎危害幼苗和根状茎，可用毒饵诱杀或杀虫剂毒杀。

轮叶黄精人工种植的大田示范如图2所示。

图2　轮叶黄精人工种植大田示范

五、采收加工

1. 采种

当轮叶黄精果实变成黄色或橙红色时，采集果实，并及时进行处理，防止堆积后发生霉烂，将所采果实置于纱布中，搓去果皮，洗净种子，剔去透明发软的细小种子。将种子阴干后，低温保存，温度为4℃左右。

2. 采收加工

用种子繁殖的需3～4年收获，用根状茎繁殖的只需1～2年收获，于秋季地上部分枯萎时，挖出根状茎。去掉须根、残茎，运回洗净泥土，去掉烂疤，蒸10～20分钟，以透心为准，取出晾晒7～10天，边晒边揉，晒至全干。产量为亩产干货300～400千克。折干率30%，以块大、肥润、色黄、质润泽、味甜、断面半透明者为佳。

轮叶黄精药材如图3所示。

1cm

图3　轮叶黄精药材

六、地方标准

目前轮叶黄精尚未被《中国药典》收录，轮叶黄精药材又名鸡头黄精，《中国藏药》有如下记录。

药材性状：本品为不规则的圆锥形，头大尾细，形似鸡头，长3～10厘米，直径0.5～1.5厘米。表面黄色至黄棕色，半透明，全体有细皱纹及稍隆起呈波状的环节，地上茎痕呈圆盘状，中心常凹陷，根痕多呈点状突起，质硬，易折断，断面淡棕色，呈半透明角质样或蜡质状，并具多数黄白色小点（维管束）。微带焦糖气，味甜，嚼之有黏性。

七、仓储运输

1. 仓储

轮叶黄精药材在仓储时仓库要清洁、干燥、通风、避光、无异味。不得与其他物品混放。针对黄精易吸潮的特点，最好采用密封的塑料袋，能有效地控制其安全水分（＜18%）。同时可将密封塑料袋装好的药材放入密封木箱或铁桶内，防虫防鼠。要定时检查，防止霉变、鼠害、虫害。

2. 运输

在轮叶黄精的运输过程中，主要注意以下几个方面：产品运输工具应清洁、干燥、无异味、无污染；运输时应防潮、防雨、防曝晒、防挤压；尽量单独运输，避免与有毒、有异味、易污染的物品混装混运，切忌与鲜活农产品混合运输；长途运输过程中务必要做好防水处理，避免因水分引起霉变。

八、药材规格等级

市场上的轮叶黄精药材多来自于野生资源，品质良莠不齐，多以统货为主，根据其品质可将其分为三个等级。

一等品：根茎单节重量在4克（含）以上，无腐烂，无霉变。

二等品：根茎单节重量在2.5（含）～4克，无腐烂，无霉变。

三等品：根茎单节重量2.5克（不含）以下，无腐烂，无霉变。

九、药用食用价值

《晶珠本草》记载：惹尼治黄水病，具有延年益寿功效。《中华藏本草》记载：惹尼具有滋补、延年益寿、温胃、干脓、清热、开胃、舒身的功效；治"培根""赤巴"合并症，"黄水"病，虚劳咳喘，胎热，消化不良，疮疡脓肿。《中国藏药》记载：惹尼根茎治"黄水"病，"培根"与"赤巴"合并症。现代藏医认为轮叶黄精性平，味甘，补益脾胃，润肺生津，主治诸虚不足，虚劳咳嗽，筋骨痿软。临床上用于治疗肺结核、缺血性脑血管疾病、动脉硬化、呼吸道继发霉菌感染。

轮叶黄精性味甘甜，食用爽口。其肉质根状茎肥厚，含有大量淀粉、糖分、脂肪、蛋白质、胡萝卜素、维生素和多种其他营养成分，生食、炖服既能充饥，又有强身健体之用，可令人气力倍增、肌肉充盈、骨髓坚强，对身体十分有益。

方一：巴桑母酥油丸（藏药名：巴三曼玛尔）。诃子175克，毛诃子150克，余甘子125克，轮叶黄精160克，天冬160克，西藏棱子芹160克，蒺藜160克，喜马拉雅紫茉莉160克。以上八味，捣碎，加水10 000毫升，煎汤至3000毫升，滤过，除去药渣。加入牛奶4000毫升，浓缩至4000毫升，再加入融化除去杂质的酥油10 000毫升，将上述药液浓缩至10 000毫升，滤过，待药液冷却后，加入粉碎的白糖、炼蜜共1250克，制丸，即得。本品为浅棕红色酥油丸；气微香、味甘、酸、咸、涩。壮阳益肾，养心安神，强筋骨。用于心悸失眠，脾胃不和，老年虚弱，经络不利，肢体僵直，肾虚，阳痿不举，虚损不足症。

方二：二十五味儿茶丸（藏药名：生等尼阿日布）。儿茶100克，诃子100克，毛诃子125克，余甘子100克，西藏棱子芹50克，轮叶黄精40克，天冬40克，喜马拉雅紫茉莉25克，蒺藜30克，乳香50克，决明子50克，黄葵子35克，宽筋藤100克，荜茇30克，铁粉（制）15克，渣驯膏50克，铁棒锤40克，麝香1克，藏菖蒲50克，木香50克，水牛角15克，珍珠母25克，甘肃棘豆40克，扁刺蔷薇50克，秦艽花30克。以上二十五味，除儿茶膏、渣驯膏、麝香、水牛角另研细粉外，其余共研细粉，过筛，加入水牛角细粉，混匀，用儿茶膏、渣驯膏、麝香细粉加适量水泛丸，干燥，即得。本品为黄色水丸；气芳香，味苦、涩。祛风除痹，消炎止痛，干黄水。用于"白脉"病，痛风，风湿性关节炎，关节肿痛变形，四肢僵硬，黄水病，"冈巴"病等。

方三：六味枸杞糖浆（藏药名：哲才德古）。枸杞子100克，天冬500克，西藏棱子芹500克，轮叶黄精500克，茅膏菜500克，喜马拉雅紫茉莉500克，蔗糖2250克，苯甲酸钠9克，枸橼酸9克，加水适量成4500毫升。除枸杞子外，其余五味混合水煎两次，第一次1.5小时，第二次1小时，滤过。枸杞子单煎，滤过。滤液与上述滤液合并，浓缩。加入蔗糖使溶解，煮沸后冷藏24小时，滤过。滤液加苯甲酸钠、枸橼酸，使溶解，加水至全量，即得。本品为棕紫色液体；味甜，微苦补血，消肿；用于肾寒，虚"培根寒"，浮肿引起的贫血及妇科病等。

方四：七味迷果芹散。短管兔耳草15克，翼首花12克，长叶无尾果10克，麻花艽6克，迷果芹15克，紫茉莉15克，轮叶黄精15克。共研细末。每服1～2克，煎服，日服2次。治营养不良性水肿，贫血性心脏病等。

参考文献

[1] 中国科学院中国植物志编委会. 中国植物志[M]. 北京：科学出版社，1978.

[2] 罗达尚. 中华藏本草[M]. 北京：民族出版社，1997.

[3] 吴征镒. 西藏植物志[M]. 北京：科学出版社，1987.

[4] 段秀彦. 黄精药材企业质量标准研究[D]. 杨凌：西北农林科技大学，2016.

[5] 罗达尚. 新修晶珠本草[M]. 成都：四川科学技术出版社，2004.

[6] 王婷，苗明三. 黄精的化学、药理及临床应用特点分析[J]. 中医学报，2015，30（5）：714–715，718.

[7] 青海省药品检验所，青海省藏医药研究所. 中国藏药：第二卷[M]. 上海：上海科学技术出版社，1990.

[8] 青海省生物研究所等. 青藏高原药物图鉴[M]. 西宁：青海人民出版社，1972.

西藏龙胆

本品为龙胆科龙胆属植物西藏龙胆*Gentiana tibetica* King ex Hook. f.的干燥根。本品味苦、辛，性平。归肝、胃、胆经。具有祛风利湿、舒筋活络、清热除蒸之功效。西藏龙胆藏药名为"吉解嘎保"。

一、植物特征

多年生草本，茎高20～60厘米。主根粗长，扭曲不直，近圆柱形，有少数分枝，其中部多呈螺纹状，根颈部有许多纤维状残存叶基，茎直立或斜生，圆柱形，无毛。叶披针形或长圆状披针形，基生叶多数丛生，长达40厘米，宽3～4厘米，全缘，主脉5条；茎生叶3～4对，较小，对生。花多数无花梗，簇生枝顶呈头状，或腋生作轮生；花萼管一侧裂开，略呈佛焰苞状，萼齿浅，花冠管状，深蓝紫色，长约2厘米，先端5裂，萼片间有5片短小褶片；雄蕊5，着生于花冠的中部；子房长圆形深黄色，光滑，无翅。花期7～9月，果期8～10月。野生西藏龙胆如图1所示。

图1　野生西藏龙胆

二、资源分布概况

在西藏主要分布于林芝、米林、隆子、错那、亚东、聂拉木等地。生长于山坡灌丛、林缘、山坡草地，海拔3000～4200米。

三、生长习性

西藏龙胆是一种喜温性植物，多生长于山坡林缘及林间空地，喜光照强，人工栽培环境广泛。性喜湿润，喜肥水，适宜在疏松肥沃、富含有机质的壤土上栽种。根状茎较耐寒，在西藏东南部各地均可安全过冬。

四、栽培技术

1. 栽培地的选择

选择栽培地时，要求地势平坦，以利排灌方便，土壤以砂质壤土为宜。西藏林芝、山南、拉萨、昌都及日喀则等大部分地区均可满足西藏龙胆的人工栽培要求。

2. 选种

采集的种子要进行选种，一般采用浸泡的方法，漂浮于水面的种子不能作种用，沉于水中的种子是理想的种子，然后风干备用。

3. 整地

育苗地一般采用保护地，根据播种面积，首先建造大棚备用。在2月中旬要对育苗地进行翻耕，深度为30厘米为宜，翻地过程中捡净石块和杂草，然后作畦。通常可采用高畦，畦高10厘米，宽1～1.2米。栽培地采取深翻，其深度在35厘米左右，同样要捡净石块和杂草，然后作畦，由于西藏龙胆适宜在林间空地栽培，作畦时尽量考虑果期采收及田间管理方便，所以视林间地形确定面积。

4. 土壤消毒、种子处理、播种

（1）土壤消毒　播种前10～15天，用1%的代森锌喷洒地表，然后用地膜覆盖7天，揭开地膜晾晒，待药味散尽后即可播种。

（2）种子处理　将干燥的种子取出，先用清水将种子浸泡，然后用1%的高锰酸钾溶液浸泡种子，浸泡时间约30分钟，沥出种子用清水冲洗干净备用。

（3）播种　土壤消毒和种子处理后，就即时进行播种，由于西藏龙胆种子较小，可采用撒播方法。将育苗地整平后，将种子均匀撒入苗床，覆土1厘米即可。种子播种结束后，浇足水分，盖上草帘以利保湿。

5. 田间管理

（1）中耕除草　要经常中耕除草，做到田间无杂草。刚刚出苗，苗矮小，除草松土，宜浅不宜深，以免伤根，每年进行3～4次，入冬前结合中耕进行根际培土，以防寒越冬。

（2）追肥　结合中耕除草进行追肥，每年进行3次，第一次在4月，第二次在6月，每亩每次施入人粪尿1500千克，饼肥50千克（油枯）。第三次于9月每亩施厩肥3000千克，过磷酸钙50千克，饼肥100千克，以后稍有增加。

（3）灌、排水　栽后，遇干旱应及时浇水，使土壤保持湿润，以利成活，雨季应及时排出田间积水，以免烂根。

6. 病虫害及其防治

（1）病害　常见病害有褐斑病和斑枯病。褐斑病是西藏龙胆生产中的主要病害，病原是真菌中的一种半知菌，常造成叶片枯萎。病株首先在叶片上出现近圆形褐色病斑，中央颜色稍浅，病斑周围具深色环。在空气湿度大时，叶片两面病斑上均可产生黑色小点，即病原核的分生孢子器。后期病斑扩大汇合，造成整个叶片枯死。7～8月份雨季湿度大，发病严重。斑枯病病原是一种真菌，危害叶片。病株在叶片背面产生黑色小点，即分生孢子器，叶片产生褐色病斑，易破裂，造成穿孔，7～8月雨季多湿易发此病。

防治方法　发病前用1∶1∶120波尔多液喷洒，或发病初期用50%退菌特1000倍液，每7天喷一次，连喷数次，冬季清园，处理病残株，减少越冬病源。

（2）虫害　常见虫害是花蕾蝇。花蕾蝇为双翅目一种害虫。幼虫为害花蕾。在西藏龙胆花蕾形成期，成虫产卵于花蕾上，初孵幼虫蛀入花蕾内取食花器，老熟幼虫为黄白色，在未开放的花蕾内化蛹，于8月下旬成虫羽化，被害花不能结实。

防治方法　于成虫产卵期喷40%乐果1500～2000倍液，每7～10天一次，连续2～3次，进行防治。

西藏龙胆人工种植的大田示范如图2所示。

图2 西藏龙胆人工种植大田示范

五、采收加工

1. 采种

选三年生及以上的无病毒健壮植株采种，当果荚发黄或果实顶端枯萎时，种子已成熟。采收时将果实连果柄一起摘下，晾干后脱粒，将脱粒后的种子装入布袋中，放置在阴凉、通风、干燥处贮存。

2. 采收加工

于种植3年后秋季采收，产量与质量俱佳。龙胆根长可于40厘米，采挖时要尽量深挖，以提高产量。挖出根部后，去掉茎、叶，洗净泥土后阴干。阴干到七成时，将根条顺直，捆成小把，再阴干至全干即可。一般亩产干燥根250～300千克。折干率4：1。

西藏龙胆药材如图3所示。

图3 西藏龙胆药材

六、地方标准

目前西藏龙胆尚未被2020年版《中国药典》及1995年版《中华人民共和国卫生部药品标准》（藏药第一册）收录，《藏药志》中有如下记录。

【植株】全株光滑，基部被枯存的纤维状叶鞘，须根多条，粘合成一个圆柱状的根。茎直立，茎生叶卵状披针形至卵状椭圆形，茎顶呈头状或腋生呈轮状。种子淡褐色，表面具网纹。

【药材】干燥的根。

【采集加工】秋季挖根，洗去泥土，根切片，晾干。

【性味功用】苦、平；散风祛湿，清热利胆，舒筋止痛；治风湿性关节炎、肺结核低热盗汗、黄疸型肝炎、二便不通、麻风、毒热、各种出血，外敷消肿。

七、仓储运输

1. 仓储

在西藏龙胆的仓储过程中，主要注意以下几个方面：阴凉避光；温度低于20℃；仓储环境须通风、干燥；严防鼠害、虫害与霉变。

2. 运输

在西藏龙胆的运输过程中，主要注意以下几个方面：产品运输工具应清洁、干燥、无异味、无污染；运输时应防潮、防雨，避免因水湿引起霉变；尽量单独运输，避免与有毒、有异味、易污染的物品混装混运，切忌与鲜活农产品混合运输。

八、药材规格等级

市场上的西藏龙胆药材多来自于野生资源，品质良莠不齐，多以统货为主，质量以根条粗长，黄色或黄棕色，无碎断者为佳。根据其品质可将其分为三个等级。

一等：干货，质坚而脆，味苦涩，芦下直径1.2厘米以上，无芦头、须根、杂质、虫蛀、霉变。

二等：干货，质坚而脆，味苦涩，芦下直径1.2厘米以下，最小不低于0.6厘米，无芦头、须根、杂质、虫蛀、霉变。

三等：干货，质坚而脆，味苦涩，芦下直径0.6厘米以下，无芦头、须根、杂质、虫蛀、霉变。

九、药用价值

据《藏药志》记载：西藏龙胆味苦、性平，散风祛湿，清热利胆，舒筋止痛；治风湿性关节炎、肺结核低热盗汗、黄疸型肝炎、二便不通、麻风、毒热、各种出血，外敷消肿。现代藏药认为西藏龙胆能祛风除湿，和血舒筋，清热利尿。治风湿痹痛，筋骨拘挛，黄疸，便血，骨蒸潮热，小儿疳热，小便不利。临床上用于治黄疸、便血。

《晶珠本草》记载：西藏龙胆可止血，消肿，清腑热、胆热、脉热，治疗麻风和毒热，炮制物敷患部可消肿。

参考文献

[1] 宋立人. 现代中药学大辞典[M]. 北京：人民卫生出版社，2001.

[2] 吴征镒. 西藏植物志[M]. 北京：科学出版社，1986.

[3] 中国科学院中国植物志编委会. 中国植物志[M]. 北京：科学出版社，1988.

[4] 中国科学院西北高原生物研究所. 藏药志[M]. 西宁：青海人民出版社，1991.

[5] 禄亚洲，王钰斌，赵远，等. 濒危药用植物西藏龙胆种子萌发特性的研究[J]. 种子，2018，37（5）：94−98.

[6] 孙凤环，鲍龙友，杨晓梅. 西藏龙胆人工栽培技术研究[J]. 中国西部科技，2008（27）：31−32.

[7] 索朗，宋军，蒋思萍，等. 藏区两种不同龙胆抗肝损伤作用的比较研究[J]. 四川中医，2017（12）：32−34.

喜马拉雅紫茉莉

本品为紫茉莉科多年生草本植物喜马拉雅紫茉莉*Mirabilis himalaca*（Edgew.）Heim. 的根。藏语名为巴朱，常以其干燥根入药。其药性甘、味辛，温平，归脾、肾经，具有温肾、益肾滋补、生肌、利尿、排石等功效。喜马拉雅紫茉莉与黄精、蒺藜、西藏棱子芹、天冬一起被称为传统藏药的"五根"，主要出现在具有滋补作用的藏成药配方中，现已成为滋补酥油丸、巴桑母酥油丸、石榴日轮丸、二十五味鬼臼丸、央宗三宝、五根胶囊、二十五味儿茶丸等十余个具有国药准字号的藏药产品的主要原料之一。2005年底西藏自治区科技厅召开专题讨论会，将喜马拉雅紫茉莉列为一级濒危藏药材。

一、植物特征

多年生草本，高30～90厘米，根粗壮，茎直立，有分枝茎，枝、叶的下面、叶柄及花梗密生黏腺毛。叶对生，有柄，柄长1～2厘米；叶片圆形或卵状心形，长3～7厘米，宽1.8～4.5厘米，先端渐尖或急尖，基部楔形或心形，上面密生微毛，边缘波状或有不明显的齿。圆锥花序，总苞钟状，顶端5齿裂，内有1朵花，花被

图1　野生喜马拉雅紫茉莉

筒状，呈蔷薇红色或紫色，喇叭状，筒部较短，在子房之上收缩，缘部展开，5个裂片，向外伸展；4枚雄蕊，与花被近等长，不伸出；子房上位，1心皮，1室，花柱线形，与花被等长或稍长，柱头膨大，数裂；瘦果，椭圆形或卵形，较粗糙，黑色，长约5毫米，种子有胚乳。花期7～8月，果期8～10月。野生喜马拉雅紫茉莉如图1所示。

二、资源分布概况

野生喜马拉雅紫茉莉多生于海拔2700～3400米的山坡路旁或草丛中，在西藏主要分布在昌都、林芝、山南、拉萨等地。

三、生长习性

喜马拉雅紫茉莉喜光照、耐辐射，特别是对干旱具有极强的耐受性。喜马拉雅紫茉莉具有较强的光合利用能力。郭其强等研究发现喜马拉雅紫茉莉的日光合进程为双峰曲线，存在明显的"午休"现象，其原因是有气孔限制造成的；而蒸腾速率呈单峰曲线，中午高蒸腾速率是其减少高温伤害的一种自我保护机制。其中，光合有效辐射和空气温度与净光合速率呈显著正相关。代松家研究发现喜马拉雅紫茉莉的发芽率、发芽势等指标随干旱程度的加剧有所降低，而在生长过程中喜马拉雅紫茉莉可以在土壤含水量10%的条件下，通过调节自身理化性状维持正常生长。同时，兰小中等研究发现喜马拉雅紫茉莉具有适应干旱生境的典型特征，种皮外部包裹较厚的果胶层，在种子萌发期间起到保湿作用，利于其在干旱或半干旱条件区域生长。

喜马拉雅紫茉莉为多年生草本植物，野生条件下，冬春季节低温时，地上部分的茎叶枯死，春季气温回升后，根上的休眠芽开始萌发。人工种植条件下，生育期一般为4～6个月，周年进行营养生长和生殖生长。经过初步筛选后的人工种植采收的种子在育苗圃的发芽率可达到70%，出苗率在50%左右。播种后浇足水分，使土壤持水量在60%～70%左右，出苗前无需再浇水，土壤温度维持在18～22℃左右，3～5日即可发芽，从出苗到种子成熟大概需要5个月左右。

喜马拉雅紫茉莉根部的干物质积累随生育期和生长年限不断增加。目前，喜马拉雅紫茉莉的药效成分尚不明确，令狐浪等研究发现喜马拉雅紫茉莉中的鱼藤酮类化合物对多种癌细胞株都有较强的抑制作用，推测其可能为喜马拉雅紫茉莉的主要药效成分之一。李连强等对不同采收时期和不同生长年限喜马拉雅紫茉莉中鱼藤酮类化合物进行了测定，发现一年生的喜马拉雅紫茉莉中鱼藤酮类化合物在茎中含量最高，叶和根次之，且鱼藤酮类化合物在根中的积累呈现双峰趋势，其根中总量在9月15日左右达到最高；多年生的喜马拉雅紫茉莉根的干物质和鱼藤酮类化合物的积累呈现递增趋势，但从经济效益考虑，在9月中旬采收两年生的喜马拉雅紫茉莉根作为药材为宜。葫芦巴碱作为喜马拉雅紫茉莉另外一种药效成分，具有抗肿瘤和降血糖等功能。前人对喜马拉雅紫茉莉中的葫芦巴碱进行测定发现，栽培与野生喜马拉雅紫茉莉中的葫芦巴碱含量无显著性差异，而不同产地间含量差异明显，其中道地产区西藏的喜马拉雅紫茉莉中的葫芦巴碱含量显著高于甘肃所产。

四、栽培技术

1. 选种

目前，喜马拉雅紫茉莉的种子质量通过种皮颜色和千粒重来确定等级，主要分为三级。其中，一级种子千粒重为（18.15±1.18）克，种皮颜色为黑色；二级种子千粒重为（15.37±1.15）克，种皮颜色为黑褐混杂；三级种子千粒重为（13.14±1.09）克，种皮颜色为褐色。

2. 选地整地

育苗地选择在向阳、通风、便于排水灌溉的地方。地势要求平坦，以利排灌便利，土壤以砂质壤土为宜，有利于地下根部的生长发育。冬季将土地深翻，把地表杂草埋于地

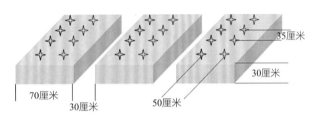

图2　喜马拉雅紫茉莉种植整地规格示意图

下腐烂，通常翻地时深度在45厘米左右，曝晒3～5天，除去害虫虫卵，如果育苗地曾经种植过其他作物，并且虫害较大，可以在育苗地曝晒后适当撒上生石灰（用量：50克/平方米）以便杀死害虫及虫卵。翌年5月初再次深翻土地，然后起垄，垄宽70厘米，垄间宽30厘米，垄高30厘米。（图2）

3. 繁殖方法

喜马拉雅紫茉莉采用种子繁殖。5月下旬，露地育苗。选择在向阳、通风、便于排水灌溉的地方。播种前将苗床耙细，整平。采用撒播和条播两种方式。播种后，3～5天就可破土出苗，出苗后需浇一次水，保持土壤含水量在60%～70%左右，继续观察幼苗生长，约15天后要进行锄草。

注意事项：在播种后覆土较厚，厚度达到5厘米左右时，出苗率较低，主要因为过厚的土壤抑制了种子萌发时的呼吸作用，最终导致种子进行无氧呼吸，产生酒精，对幼苗产

生毒害，引起幼苗坏死。为了保证喜马拉雅紫茉莉的出苗率，在育苗覆土时厚度不能超过1～1.5厘米，最好选用腐殖土覆盖，并且播种以后浇水不能漫灌，只能用微喷管进行喷灌，以避免漫灌引起土壤板结，影响种子萌发。

4. 田间管理

（1）中耕除草　播种后10天之内除草一次，保证出苗阶段垄上无杂草，待幼苗出土后每隔15天除草一次，以保证苗床清洁。成苗期除草分为两个阶段，第一阶段是苗高25～30厘米时，应除草一次，此时除草不仅要清除垄上杂草，还要清除垄间杂草；第二个阶段是其分枝时期，大约在第一次除草后的30天后进行，同样清除垄上和垄间杂草，待后期药材覆盖大田时便无需除草。

（2）间苗播种　每穴发芽后留存的苗大概在4～6株左右，过多幼苗会产生营养竞争，导致产量下降，在苗高25～30厘米时要实施间苗，间苗时去除弱小，保留健壮，每穴保留3～4棵种苗即可。

（3）追肥　待其长至5～6片真叶时，追施无机化肥磷酸二铵1次。使用量按照20千克/亩的标准施用，施肥时按照质量比化肥∶粪水=1∶25的比例进行浇灌。成苗期施肥以农家肥、复合肥混合使用为主，通常按照质量比复合肥∶农家肥=1∶50的比例将农家肥沤制腐熟，施用时采用人工穴施，每穴100～150克，每亩使用量400～600千克。施肥时间控制在初次现蕾前的15～20天左右为宜。

（4）排灌水　由于其具有耐干旱的特点，根据当地降雨情况，适时调整灌溉措施，以保证地表下5厘米的土壤湿润，湿度在50%～60%即可。雨季应及时排出积水，防止烂根。

（5）打枝　人工去除喜马拉雅紫茉莉的花枝，保证基部营养枝能够进行光合，提供养分即可；如果是作为种源繁殖的药材，不宜进行打枝，要保证相应的种子生产能力。

（6）越冬管理　每年的11月中旬至12月中旬要进行培土处理，将垄间沟内的泥土挖出覆盖在垄上，培土覆垄时要注意避免破坏药材根系，确保翌年能够发出健壮的幼芽。

5. 病虫害及其防治

（1）冬季深耕　冬季深耕土壤35厘米，能破坏害虫生存和越冬的环境，并将地下害虫翻到地表，使其被天敌啄食或严寒冻死，降低害虫基数，减少次年虫口密度。

（2）灌水灭虫　水源较好的田块，在地下害虫发生时，及时灌水灭虫，效果较佳。

（3）根部灌药　在苗期虫害猖獗时，如发现断苗、幼虫入土，可用50%晶体敌百虫

800倍液，或2.5%敌杀死6000倍液，或速灭杀丁4000倍液，或50%辛硫磷乳油500倍液，隔8～10天灌根1次，连灌2～3次，可杀死地老虎、蛴螬、金针虫等地下害虫。

（4）诱杀成虫　诱杀成虫的有效方法通常有：①金龟子、地老虎的成虫对黑光灯有强烈的趋向性，可于成虫盛发期放置黑光灯进行诱杀。②用20%灭多威乳油100克加水1升稀释，喷在100千克新鲜的草或切碎的菜（长约16厘米左右）上，拌成毒饵，可诱杀地老虎，效果较好。

喜马拉雅紫茉莉人工种植的大田示范如图3所示。

图3　喜马拉雅紫茉莉人工种植大田示范

五、采收加工

1. 留种技术

生产中应建立专门的良种繁殖区，良种繁殖区应与药材生产区具有一定的空间隔离，以防止串粉。制种田适当延迟药材采收时间，并应在初花期适当增施磷钾肥，以提高种子饱满度。采收的种子应在晴天及时晒干，置于布袋内，放冰柜中或悬挂于室内。

2. 采收加工

直播育苗种植的喜马拉雅紫茉莉药材在第二年或第三年的初秋（9月中旬）采收，除去泥沙及杂质，晾干，15℃左右保存即可。

喜马拉雅紫茉莉药材如图4所示。

1cm

图4　喜马拉雅紫茉莉药材

六、部颁标准

目前喜马拉雅紫茉莉尚未被《中国药典》收录，只有1995年版的《中华人民共和国卫生部药品标准》（藏药第一册）中有相关描述，详细记录如下。

1. 药材性状

本品根为圆柱形，横切或纵切成不规则块片，大小不等，横切者呈类圆柱状或圆片状，直径可达4厘米，表面灰褐色或褐棕色，粗糙，有纵沟纹及横长皮孔样突起及支根痕。质坚硬，不易断，断面灰白色，有凹凸不平的同心环纹，纵剖面有纵条纹，具粉性。微显土腥气，味辛，涩，嚼之有刺喉感。

2. 鉴别

（1）根横切面　木栓层外侧数列细胞壁栓化，内侧8～10层细胞壁栓化不明显。皮层内侧可见黏液腔散在，直径20～150微米，内含草酸钙针晶束。外韧型三生维管束间断排列成环。木质部导管单个和数个成群，中心维管束具多数大型导管，呈放射状排列。薄壁细胞内含有淀粉粒，有的含草酸钙针晶束。

（2）粉末特征　粉末灰白色。淀粉粒众多，单粒圆形或椭圆形，脐点明显，呈点状或飞鸟状，直径4～10微米，复粒由2～8分粒组成。草酸钙针晶众多，成束或分散，长12～130微米，导管梯纹或网纹，直径25～35微米。

七、仓储运输

1. 仓储

在喜马拉雅紫茉莉的仓储过程中，主要注意以下几个方面：阴凉避光；防潮和抗氧化包装；通风低温干燥。

2. 运输

喜马拉雅紫茉莉是根部入药，易受虫蛀和发霉的影响，注意做好防水、防潮处理，避免引起霉变。药材不易暴露在空气中，运输时要做到低温通风干燥防氧化。

八、药材规格等级

市场上的喜马拉雅紫茉莉多来自于野生资源，品质良莠不齐，多以选货为主，由于地理位置、季节的不同，其销售价格也会发生变化。

九、药用价值

《晶珠本草》记载："紫茉莉治下身寒症，黄水病。"让钧多吉说："紫茉莉生肌肉。"《如意宝树》记载："紫茉莉引黄水，壮阳，生下身温。"

《藏药志》记载：味甘，辛，温平；益肾滋补，生肌；治下身寒和黄水病，并有壮阳作用。

方一：滋补酥油丸（藏药名：居林曼玛尔）。诃子500克，土当归280克，毛诃子380克，手参50克，余甘子400克，人参15克，天冬280克，冬虫夏草100克，刺蒺藜280克，鹿茸100克，茅膏菜700克，蜂蜜（制）2500克，黄精250克，鲜酥油7500克，喜马拉雅紫茉莉250克。以上十五味，除人参、冬虫夏草、鹿茸、蜂蜜、酥油外，其余水煎，滤过。浓缩，加入鲜牛奶、鲜酥油，继浓缩至无水分，将冬虫夏草、人参、鹿茸研细与上述浓缩物混合，混匀，加炼蜜，制成大丸，以冰糖粉裹衣，即得。本品为淡黄色，裹白色粉末的大丸，味甜，有油腻感。有补肾，延年益智，光泽皮肤之功。用于肾虚，白带过多及虚证等。

方二：八味金礞石散（藏药名：赛切杰巴）。金礞石15克，螃蟹20克，蒺藜15克，冬葵果20克，硇砂15克，豆蔻15克，喜马拉雅紫茉莉20克，田螺20克。以上八味，粉碎成细粉，过筛，混匀，即得。本品为灰色粉末；气微香，味苦、涩。能够利尿，排结石。用于寒热性尿闭，膀胱结石。

参考文献

[1] 吴征镒. 西藏植物志[M]. 北京：科学出版社，1983.

[2] 中国科学院西北高原生物研究所. 藏药志[M]. 西宁：青海人民出版社，1991.

[3] 帝玛尔·丹增彭措. 晶珠本草[M]. 上海：上海科学技术出版社，1986.

[4] Linghu L，Zhu S，Zhang H，et al. A natural phenylpropionate derivative from *Mirabilis himalaica*，inhibits cell proliferation and induces apoptosis in HepG2 cells[J]. Bioorganic & Medicinal Chemistry Letters，2014，24（23）：5484−5488.

[5] Linghu L，Fan H，Hu Y，et al. Mirabijalone E：A novel rotenoid from *Mirabilis himalaica*，inhibited A549 cell growth in vitro，and in vivo[J]. Journal of Ethnopharmacology，2014，155（1）：326−333.

[6] 蔡翠萍，汪书丽，权红，等. 藏药材喜马拉雅紫茉莉种质资源的形态多样性[J]. 西南师范大学学报（自然科学版），2013，38（12）：61−66.

[7] 代松家，魏晶晶，兰小中. 喜马拉雅紫茉莉对干旱的生理生态响应[J]. 北方园艺，2015（8）：152−156.

[8] 旦智草，甘玉伟，杨勇，等. 藏药喜马拉雅紫茉莉人工栽培试验研究[J]. 甘肃科技纵横，2006，35（3）：187.

[9] 范海霞. 喜马拉雅紫茉莉抗肿瘤活性成分研究[D]. 重庆：西南大学，2012.

[10] 郭其强，权红，兰小中，等. 药用植物喜马拉雅紫茉莉光合特性及影响因子分析[J]. 中国中药杂志，2014，39（14）：2769−2773.

[11] 兰小中，权红，李连强，等. 喜马拉雅紫茉莉种子质量及萌发特性研究[J]. 种子，2014，33（9）：6−10.

[12] 李健. 藏药喜马拉雅紫茉莉的质量评价研究[D]. 北京：北京中医药大学，2013.

[13] 李连强，权红，王莉莎，等. 喜马拉雅紫茉莉营养器官的产量和boeravinone C的空间动态变化[J]. 江苏农业科学，2014，42（7）：255−258.

[14] 李连强，权红，王莉莎，等. 一年生喜马拉雅紫茉莉根的产量和boeravinone C的动态变化[J]. 时珍国医国药，2014（9）：2236−2238.

[15] 刘青，达瓦潘多，央美，等. HPLC法测定西藏野生和人工种植喜马拉雅紫茉莉中葫芦巴碱[J]. 中成药，2012，34（7）：1401−1402.

[16] 卢杰，兰小中，罗建. 林芝地区珍稀濒危藏药植物资源调查与评价[J]. 资源科学，2011，33（12）：2362−2369.

[17] 彭莲. 藏药喜马拉雅紫茉莉的化学成分及质量评价研究[D]. 北京：北京中医药大学，2015.

[18] 松桂花. 浅析高海拔地区人工种植喜马拉雅紫茉莉技术市场推广前景[J]. 中国民族医药杂志, 2011, 25（9）: 85–86.

[19] 许少云, 李少珂, 蔡翠萍. 施肥和覆膜对喜马拉雅紫茉莉（*Mirabilis himalaica*）根部表型特征的影响[J]. 中国农学通报, 2013（22）: 198–202.

[20] 杨盼盼, 范海霞, 杨丽花, 等. 喜马拉雅紫茉莉根部化学成分研究[J]. 安徽农业科学, 2012（18）: 9641–9643.

[21] 张国林, 周正质, 李伯刚. 紫茉莉酰胺: 喜马拉雅紫茉莉中一新桂皮酰胺[J]. 天然产物研究与开发, 1998, 10（3）: 21–24.

[22] 赵芳玉, 李雪玉, 郭其强, 等. 不同施氮量对喜马拉雅紫茉莉生长及光合特性的影响[J]. 江苏农业科学, 2014（4）: 186–189.

[23] 邹妍琳, 胡益杰, 刘爽, 等. 喜马拉雅紫茉莉正丁醇提取物的化学成分[J]. 西北农业学报, 2014, 23（5）: 202–206.

[24] 青海省药品检验所, 青海省藏医药研究所. 中国藏药: 第一卷[M]. 上海: 上海科学技术出版社, 1990.

yang chi tian dong

羊齿天冬

本品为百合科天门冬属植物羊齿天门冬*Asparagus filicinus* Buch.-Ham. ex D. Don的干燥块根。味甘、苦，性大寒。具有养阴润燥、清肺生津的功能。用于热病口渴、肺阴受伤、燥咳、咯血、肠燥便秘等症。

一、植物特征

直立草本，通常高50～70厘米，根成簇，从基部开始或在距基部数厘米处呈纺锤状膨大，膨大部分长短不一，一般长2～4厘米，宽5～10毫米。茎近平滑，分枝通常有棱，有时稍具软骨质齿。叶状枝每5～8枚成簇，扁平，镰刀状，长3～15毫米，宽0.8～2毫米，有中脉；鳞片状叶基部无刺。花每1～2朵腋生，一般淡绿色，有时稍带紫色，花梗长10～20毫米，关节位于近中部；雄花花被长约2.5毫米，花丝不贴生于花被片上；花药卵形，长约0.8毫米；雌花略小或近等大。浆果直径5～6毫米，有2～3粒种子。花期6～7月，果期8～9月。野生羊齿天门冬如图1所示。

图1　野生羊齿天门冬

二、资源分布概况

在西藏主要分布于吉隆、隆子、米林、林芝、工布江达、江达、贡觉、类乌齐和昌都。生于海拔2380～3900米的林下、灌丛中或河边砂地等处。

三、生长习性

喜温暖、湿润、较荫蔽的环境。不耐寒、遇霜冻易发生冻害。适宜生长的温度为25℃左右。土壤含水量30%～40%。怕强光直射，尤其幼苗一经强烈日光照射，就会枯萎甚至死亡。因此，应在高秆作物田或林间栽培，适当荫蔽。土壤以土层深厚、疏松肥沃、较湿润的砂质壤土为宜，不易在瘠薄的土壤上栽培。

羊齿天门冬的种子干燥后容易丧失生命力，不宜久藏，隔年旧种子发芽率显著降低，不宜作种用。

四、栽培技术

1. 选地与整地

育苗地宜选土层深厚，疏松肥沃，排水良好，较湿润的砂质壤土，要靠近水源和住宅，以便浇灌管理。选地后每亩施厩肥3000千克，饼肥1000千克。深翻25厘米，耙细整平，作宽1.2米的高畦，畦沟宽40厘米。移栽地在山区种植，以土层深厚，疏松肥沃，富含腐殖质的壤土或砂壤土为宜。如林地种植，宜选混交林或稀疏的阔叶林地。若在农田栽培，需与其他作物间作，以便遮阴。选地后，每亩施堆肥3500千克，过磷酸钙100千克，均匀撒在地面上，深翻30厘米，耙细整平，作宽1.2米高畦，畦沟宽45厘米。

2. 繁殖方法

采用种子繁殖和分株繁殖。目前多采用分株繁殖，因分株繁殖植株生长发育快、收获早，易保持母株的优良特性，产量高，质量好。但长期采用会引起退化，最好与种子繁殖交替使用。

（1）分株繁殖　于秋季9月采挖天门冬，或春季3～4月植株尚未萌动时，将根挖出，每簇健壮母株可分3～5株，每株应有芽1～2个，在整好的畦面上按行距30厘米×20厘米开穴，穴深15厘米，每穴抓一把腐熟厩肥于穴内拌匀，覆5厘米盖肥。然后将分株苗1株栽入穴内，覆土10厘米，压紧，整平畦面。墒情不好，栽后浇透水封穴。

（2）种子繁殖　多采用育苗移栽法，直播幼苗成活率低，很少采用。

①采种及种子处理：于秋季9～10月，当果实由绿色变为黑色时采收。堆积发酵后，搓去果肉，清洗干净，漂去瘪粒及杂质，在沉水种子中选择粒大、饱满、乌润发亮的作种。播种期分秋播和春播。春播的种子与2～3倍湿沙拌匀放木箱里置低温通风处贮藏，翌春播种。

②育苗：秋播于8～9月，春播于4月上旬。播种时，在整好的床面上按行距20厘米横畦开沟，沟深5厘米左右，播幅约10厘米，将种子筛出，均匀撒在沟内，种距1.5～2厘米，覆土3厘米，稍压紧，整平畦面，盖上草帘保温保湿。温度在17℃左右，并有足够的湿度时，播后20天即可出苗，苗出齐后揭去草帘。每亩播种量10～12千克，育苗1亩可定植10亩。播后加强苗期的田间管理，在幼苗出土时要用遮阴网进行遮阴，经常保持床土湿润，当苗高5厘米时进行松土拔草、间苗，疏去过密的苗并进行施肥，以人畜粪为主，每次每亩施1500千克，共施3次，培育壮苗。

③移栽：幼苗培育一年后，在秋季10月回苗后或春季3月萌芽前进行。栽于耕地或林间。

起苗时每株幼苗应有块根2～3个，无块根的可重新栽于苗床再培育一年后定植。栽时按行距（30～45）厘米×20厘米开穴，穴深15厘米，将块根向四面摆匀，盖细土压紧，厚3～5厘米。

3. 田间管理

（1）中耕除草　要经常中耕除草，做到田间无杂草，移栽后，刚刚出苗，苗矮小，除草松土，宜浅不宜深，以免伤根，每年进行3～4次，入冬前结合中耕进行根际培土，以防寒越冬。

（2）追肥　结合中耕除草进行追肥，每年进行3次，第一次在4月，第二次在6月，每亩每次施入人粪尿1500千克，饼肥50千克。第三次于9月每亩施厩肥2000千克，过磷酸钙50千克。第二年春季可以追施厩肥3000千克，过磷酸钙50千克，饼肥100千克，以后稍有增加。

（3）灌、排水　栽后，遇干旱应及时浇水，使土壤保持湿润，以利成活，雨季应及时排出田间积水，以免烂根。

4. 病虫害及其防治

红蜘蛛属蜘蛛纲蜱螨目叶螨科。成、若虫均可产生危害，于5～6月吸食嫩茎、叶汁液。

防治方法　清园，采挖前将地上部分收割，集中烧毁，发生初期可用50%辛硫磷1000倍液，或20%双甲脒乳油1000倍液喷杀。

羊齿天门冬人工种植的大田示范如图2所示。

图2　羊齿天门冬人工种植大田示范

五、采收加工

1. 采收

定植后2～3年即可采收,若生长4～5年采收产量更高。于秋季9月下旬至10月上旬回苗后,或春季萌芽前,割去茎,挖出块根,洗净泥土,除掉须根,将粗壮块根作药用,母株及小块根作繁殖种栽。

2. 加工

洗净泥土,放沸水内煮15分钟左右,到易剥皮时即可,剥去外皮,烘干至八成干时,晒至全干即成商品。贮藏于干燥通风处,以防霉变、虫蛀。产量为亩产干货300～400千克。折干率10%。质量以身干、条粗壮、色黄白、半透明者为佳。

羊齿天冬药材如图3所示。

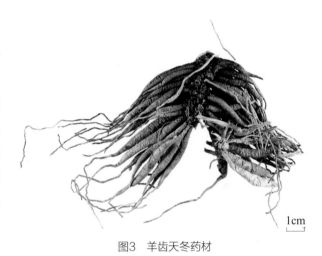

1cm

图3　羊齿天冬药材

六、地方标准

目前羊齿天冬未被《中国药典》及1995年版《中华人民共和国卫生部药品标准》(藏药第一册)收录,《中药大辞典》中记录如下。

药材性状:块根呈长纺锤形,长2.5～5厘米,直径5～10毫米,有时成簇。表面棕黑色,有细密根毛,纵皱纹深浅不等。质坚韧,有黏性,断面角质样。中心中柱细,黄白色。有豆腥气,味淡。

七、仓储运输

1. 仓储

在羊齿天冬的仓储过程中,主要注意以下几个方面:阴凉避光;干燥防潮;密闭保存；严防鼠害、虫害与霉变。

2. 运输

在羊齿天冬的运输过程中，主要注意以下几个方面：运输过程中应注意阴凉避光；长途运输过程中务必要做好防水处理，避免因水湿引起霉变。

八、药材规格等级

市场上的羊齿天冬多来自于野生资源，品质良莠不齐，多以选货为主。优质羊齿天冬根头较大，条直肥壮，质坚，易折断，色棕色，有光泽，呈长纺锤形，略弯曲，无异味，味甘微苦。劣质羊齿天冬根头较小，颜色白，药用效果不佳。

九、药用价值

《晶珠本草》记载："天冬延年益寿，治黄水病。"现代藏医认为羊齿天冬味苦、涩、甘。

《中华本草·藏药卷》记载："天冬清隐热、旧热，可健身，补肾，补胃。"现代藏医认为羊齿天冬味甘、苦、涩、辛，性平。在临床上主治"龙"病，寒性黄水，剑突病等。

方一：六味枸杞糖浆（藏药名：哲才德古）。枸杞子100克，羊齿天冬500克，西藏棱子芹500克，黄精500克，茅膏菜500克，喜马拉雅紫茉莉500克，蔗糖2250克，苯甲酸钠9克，枸橼酸9克。加水适量成4500毫升，除枸杞子外，其余五味混合水煎两次，第一次1.5小时，第二次1小时，滤过。枸杞子单煎，滤过。滤液与上述滤液合并，浓缩。加入蔗糖使溶解，煮沸后冷藏24小时，滤过。滤液加苯甲酸钠、枸橼酸，使溶解，加水至全量，即得。本品为棕紫色液体；味甜，微苦。有补血，消肿之功；用于肾寒，虚"培根寒"，贫血及妇科病等。

方二：十一味斑蝥丸（藏药名：强巴久居日布）。斑蝥50克，全蝎100克，羊齿天冬80克，马钱子30克，沉香70克，红花80克，余甘子120克，珍珠母40克，藏木香膏50克，甘草膏60克，杜鹃花80克。以上十一味，除藏木香膏、甘草膏外，其余粉碎成细粉，过筛、混匀，用藏木香膏、甘草膏加适量水泛丸，干燥，即得。本品为棕黑色水丸；味酸、甜、微苦。有开窍，镇惊之功。用于癫痫，惊痫昏厥等。

方三：日轮护养散。石榴子30克，肉桂3克，小豆蔻15克，荜茇12克，红花、冬葵子、羊齿天冬各10克，迷果芹12克，黄精10克，紫茉莉10克，蒺藜10克。共研细末，蜂蜜为引，内服。治完谷不化、痞瘤积聚、浮肿、水肿、精稀、遗精、小便不利、肾腰疼痛、妇风症、寒性腹泻、皮肤疱疹、寒性虫症、寒湿痹症以及一切寒性疾病，均有良效。（《藏医药选编》）

方四：迷果芹3克，玉竹15克，羊齿天冬1克，紫茉莉2克，蒺藜1克，荜茇1.5克，白胡椒1.5克，姜片2克，芒果核1克，蒲桃1克，大托叶云实1克，铁棒锤0.3克。共为细末。每晚服1克，水两碗煎成一碗，服之。主治月经不调、产后腰酸背痛、淋病、关节痛、睾丸炎等病。（《青藏高原药物图鉴》）

方五：十味手参散。手掌参60克，小豆蔻60克，羊齿天冬30克，刀豆30克，荜茇30克，红花60克，石榴30克，肉桂30克，麝香少许，熊胆少许。共研末，做丸如豌豆大。每服5～9丸；日服1～2次。治阳痿、淋病、体弱。（《青藏高原药物图鉴》）

参考文献

[1]　中国科学院中国植物志编委会. 中国植物志[M]. 北京：科学出版社，1978.

[2]　帝玛尔·丹增彭措. 晶珠本草[M]. 上海：上海科学技术出版社，1986.

[3]　南京中医药大学. 中药大辞典[M]. 第2版. 上海：上海科学技术出版社，2006.

[4]　赵明. 我国天门冬研究的概况及展望[J]. 内江师范学院学报，2005，20（6）：52-55.

[5]　青海省药品检验所，青海省藏医药研究所. 中国藏药：第二卷[M]. 上海：上海科学技术出版社，1990.

zang dan shen

藏丹参

本品为唇形科鼠尾草属植物栗色鼠尾草*Salvia castanea* Diels的干燥根。藏语名为吉孜木布，功效同丹参。味苦，性寒。具有活血祛痰、养血安神、消肿止痛、凉血消痈等功能。主治冠心病、心肌梗死、心绞痛、月经不调、产后瘀阻、瘀血疼痛、痈肿疮毒、心烦失眠等症。近代药理研究证实，藏丹参具有扩张冠状动脉、增加血流量的作用。

一、植物特征

多年生草本。根肥厚,扭曲状,紫褐色。茎高30~65厘米,被长柔毛。叶片椭圆状披针形或长圆状卵圆形,长2~22厘米,宽2~9厘米,先端钝或近锐尖,基部钝圆或近心形,稀为近截形,边缘具不整齐的圆齿或牙齿,上面被微柔毛,下面被疏短柔毛或近无毛,余部满布黑褐色腺点;叶柄长2~13厘米,毛被同茎。轮伞花序2~4花,疏离,排列成总状或总状圆锥花序;花萼钟形,长9~15毫米,外密被具腺长柔毛及黄色腺点,内被微硬状毛,二唇形,裂至花萼长1/3;花冠紫褐、栗色或深紫色,长3~3.2厘米,外被疏柔毛,内面有不完全毛环,冠筒长约2.6厘米,下部之字形弯曲,在萼外向上弯曲,双曲状,冠檐二唇形。小坚果倒卵圆形,长约3毫米。野生栗色鼠尾草如图1所示。

图1 野生栗色鼠尾草

二、资源分布概况

栗色鼠尾草主产于西藏朗县、隆子、工布江达、达孜、米林、波密、昌都、林芝、江达、芒康、索县、亚东、错那、墨竹工卡、拉萨、昂仁、吉隆。生于山坡灌丛中,海拔3200~3900米。

三、生长习性

藏丹参分布广，适应性强，生长于林缘坡地、河边草丛、路旁等阳光充足、空气湿度大，较湿润的地方。喜气候温和。较耐寒，在西藏东南部地区大田种植可安全越冬。根可耐受-15℃以上的低温，生长最适温度为20～26℃。空气相对湿度80%为宜。藏丹参根部发达，故土层深厚、疏松较肥沃的砂质壤土有利于根部生长，在过肥、过砂、过黏的土壤中多生长不良，土壤以微酸性和中性为好。忌在排水不良的低洼地种植。

四、栽培技术

（一）选地整地

育苗地应选取向阳、靠近水源、疏松、较肥沃、排水良好的砂质壤土。前茬最好为豆科作物。每亩施用3000千克左右的有机肥。均匀撒入地表面，耕深25厘米，整平耙细，作宽1.2米，高20厘米的高畦，畦周围挖好排水沟，沟宽45厘米。栽植地应选向阳坡地，地势较高，土层深厚，排水良好的砂质壤土种植，每亩施有机肥3500千克左右，加过磷酸钙40～50千克，混合后均匀撒施地面，然后耕翻土壤深30厘米左右。整平耙细，作床宽1～2米高畦，长因地势而宜。

（二）繁殖方法

主要是用根繁殖，其次扦插和种子繁殖。

1. 分根繁殖

此法生长速度快，产量高，质量好。作种栽用的根条应选择直径1厘米左右的健壮、无病虫危害、皮色红的一年生侧根为好。而不能选老根和太细的根作种根。老根作种易空心，须根多，细根作种根生长不良，根条小。作种栽的丹参都留在地中，随挖随栽。一般多在3～4月春栽，也可在10～11月收获时栽种。按行距30～40厘米，株距20～30厘米挖穴，穴内施入人畜粪尿每亩2000～3000千克，将已选好的根条剪成5厘米左右的小段，边剪边栽，直立栽种，原来的上端仍要保持向上。不能倒栽，每穴栽1～2根，否则会影响出苗。栽培覆土超过根条上端1.5厘米，不宜太厚，以免影响出苗。

2. 种子繁殖

多用于育苗移栽法，不采用直播。直播省工，但生长时间长，易受旱害，出苗不整齐，产量和质量不高。

（1）育苗　于3月份育苗，在苗床上横畦开1.5厘米浅沟，行距20厘米，均匀播种后覆土0.5厘米，以盖过种子为度，亩播种量1千克。然后盖草帘，或地膜保温保湿。若土壤墒情不好，应在播种前将苗床浇透水，等水渗下再播种。播后约半月即可出苗。出苗后揭去草帘或地膜，加强苗期松土、除草、追肥等管理。育高5～6厘米时即可移栽。

（2）移栽　可分春栽或秋栽，春栽多在5月，秋栽于10月下旬地上部枯萎时栽培，栽培时按30厘米×20厘米开穴，穴深视根长度而定。穴内施有机肥，与穴土混匀后，每穴栽1～2株，浇足定根水。

3. 扦插繁殖

于6～7月取地上茎，剪成10～15厘米小段，去掉下部叶片，上部叶片剪去一半，随剪随插，在已整理好的畦上按行距20厘米开沟，将插穗按株距10厘米斜插入沟边，埋土5～8厘米，地上留三分之一。浇水，保湿遮阴，待根长至3厘米时，即可移植大田。移栽方法同种子繁殖。

（三）田间管理

1. 中耕除草　一般在植株封行前进行三次，在苗高5～10厘米时进行第一次中耕除草，苗小根浅，松土要浅，以后每半月进行一次，第三次中耕应深些。

2. 追肥　结合三次中耕除草追肥三次，第一次每亩施猪尿水1500千克，第二次2000千克，第三次2500千克，促进根部生长。

3. 摘花薹　除留种地外，开花期应摘除花薹，以利根部增粗生长。可显著提高产量和质量。

4. 灌溉与排水　由于西藏处于高海拔地区，早春降雨量较少，土壤干旱，不利于育苗的正常生长，应定期灌水。近些年来4～9月藏东阴雨绵绵，应注意排水。

（四）病虫害及其防治

1. 根腐病

（1）症状　植株发病初期，先由须根、支根变褐腐烂，逐渐向主根蔓延，最后导致全根腐烂，外皮变为黑色，随着根部腐烂程度的加剧，地上茎叶自下而上枯萎，最终全株枯死。拔出病株，可见主根上部和茎地下部分变黑色，病部稍凹陷；纵剖病根，维管束呈褐色。

（2）传染途径　病菌主要在病残体和土壤中越冬，可存活10年以上；病菌生长最适温度27～29℃，但地温15～20℃最易发病。因此，土壤病残体就成了初侵染源，病菌通过雨水、灌溉水等传播蔓延，从伤口侵入危害。该病是典型的高温高湿病害，土壤含水量大、土质黏重、低洼地及连作地发病重。

防治方法　①合理轮作，可抑制土壤菌的积累，特别是与葱蒜类蔬菜轮作效果更好。②加强栽培管理，采用高垄深沟栽培，防止积水，避免大水漫灌，发现病株及时拔除。③栽种前浸种根：50%多菌灵或70%甲基托布津800倍液蘸根处理，晾干10分钟后栽种。④药剂防治：发病期用50%多菌灵800倍或70%甲基托布津1000倍液灌根，每株灌液量250毫升，7～10天再灌一次，连灌2～3次。也可以下药剂喷洒：70%甲基托布津500倍液，或75%百菌清600倍液，每隔10天喷一次，连喷2～3次，注意喷射茎基部。

2. 叶斑病

（1）发病时间　5月初发生，6～7月发病严重。

（2）症状　发病初期叶片出现深褐色病斑，近圆形或不规则形，后逐渐融合成大斑，严重时叶片枯死。

防治方法　①实行轮作，同一地块种植藏丹参不能超过2个周期。②收获后将枯枝残体及时清理出田间，集中烧毁。③增施磷钾肥，或于叶面上喷施0.3%磷酸二氢钾，以提高藏丹参的抗病力；发病初期每亩用50%可湿性多菌灵粉剂配成800～1000倍的溶液喷洒叶面，隔7～10天一次，连续喷2～3次。④用300～400倍的EM复合菌液，叶面喷雾1～2次。⑤发病时应立即摘去发病的叶子，并集中烧毁以减少传染源。

3. 根结线虫病

（1）形状大小　寄生于植物上的线虫肉眼看不到，虫体细小，长度不超过1～2毫米，宽度为30～50微米；危害的根瘤用针挑开，肉眼可见半透明白色粒状物，直径约0.7毫米，此为雌线虫。在显微镜下，压破粒状物，可见大量线状物，头尾尖即是线虫。

（2）症状　由于根结线虫的寄生，藏丹参根部生长出许多瘤状物，致使植株生长矮小，发育缓慢，叶片退绿，逐渐变黄，最后全株枯死。拔起病株，须根上有许多虫瘿的瘤，瘤的外面黏着土粒，难以抖落。

防治方法　①实行轮作，同一地块种植藏丹参不能超过2个周期，最好与禾本科作物如玉米、小麦等轮作。②结合整地进行土壤处理，方法同大田土壤处理。

4. 蛴螬

（1）危害时间　5～6月大量发生，全年危害。

（2）症状　在地下咬食植株的根茎，使植株逐渐萎蔫、枯死，严重时造成缺苗断垄。

（3）生活习性　每年发生一代，以幼虫和成虫在地下几十厘米深的土层中越冬。蛴螬始终在地下活动，与土壤温、湿度关系密切，当10厘米土温达5℃时开始上升至表土层，13～18℃时活动最盛，18℃以上则潜入深土中。表土层含水量10%～20%有利卵和幼虫的发育。在夏季多雨，土壤湿度大，生荒地以及施用未充分腐熟的厩肥时，危害严重。

防治方法　①精耕细作，深耕多耙，合理轮作倒茬，合理施肥和灌水，都可降低虫口密度，减轻危害。②结合整地，深耕土地进行人工捕杀，或亩用5%辛硫磷颗粒剂1～1.5千克与15～30千克细土混匀后撒施。③施用充分腐熟的厩肥。④大量发生时用50%的辛硫磷乳剂稀释成1000～1500倍液或90%敌百虫1000倍液浇根，每蔸50～100毫升；或者用90%晶体敌百虫0.5千克，加2.5～5千克温水与敌百虫化匀，喷在50千克碾碎炒香的油渣上，搅拌均匀做成毒饵，在傍晚撒在行间或幼苗根际附近，隔一定距离撒一小堆，每亩毒饵用量15～20千克。⑤晚上用黑灯诱杀成虫。

5. 金针虫

（1）危害时间　6～8月大量发生，全年危害。

（2）症状　将藏丹参植株的根部咬食成凹凸不平的空洞或咬断，使植株逐渐枯萎，严重者枯死。在夏季干旱少雨，生荒地以及施用未充分腐熟的厩肥时，危害严重。

（3）生活习性　3月下旬至4月中旬为活动盛期，白天潜伏于表土内，夜间交配产卵，雄虫善飞，有趋光性。5月上旬幼虫孵化，在食料充足的情况下，当年体长可达15毫米以上。老熟幼虫在16～20厘米深的土层内作土室化蛹。3月中下旬10厘米深土温达6～7℃时，幼虫开始活动，土温达15.1～16.6℃时危害最烈，10月下旬以后随土温降低而下降，冬春潜入27～33厘米深的土壤中越冬。

防治方法 同蛴螬的防治。

栗色鼠尾草人工种植的大田示范如图2所示。

五、采收加工

1. 采收

分根栽培后两年即可采收。一般在秋季10月下旬,当地上部分枝条枯萎或早春萌芽前均可收获。栗色鼠尾草根系入土深,采挖时要注意保护根不受损伤。最好当田间处于干燥状态时进行采挖,挖出后,先放在田间晾晒,使根失水变软,不易折断,然后剪去枯枝,弹净泥土。

图2　栗色鼠尾草人工种植大田示范

2. 加工

采收后的根切忌水洗,首先将参根放置室外或晒场在烈日下晒至半干,然后扎成小捆,将根理顺捏拢,晒至8~9成干再捏一次,晒至全干,堆集发汗回潮,最后再晒至全干,去掉茎基、须根,通常以根粗壮、身干、坚实,外皮紫红色为优级商品。

藏丹参药材如图3所示。

图3　藏丹参药材

六、地方标准

目前尚未被《中国药典》及1995年版《中华人民共和国卫生部药品标准》(藏药第一册)收录,参照《西藏自治区藏药材标准》中藏丹参标准执行(该标准收录的为栗色鼠尾草变型绒毛鼠尾草)。

1. 药材性状

本品根茎短粗，顶端残留较多粗壮的茎基。根呈圆锥形或圆柱形，扭曲不直，或相互交错扭转成麻花状，长10～20厘米，直径1～5厘米，下部常具数个支根。表面棕褐色或红棕色，粗糙，具纵皱纹，外皮疏松，常呈片状脱落，脱落处显红棕色或砖红色。质硬而脆，易折断，断面疏松，不平坦，老根多呈枯朽状，可见淡黄色略呈角质样的木质部。气微，味微苦涩。

2. 鉴别

粉末棕色。导管主要为网纹或具缘纹孔导管，少见为螺纹导管，直径10～80微米。纤维长条形。直径约至20微米，两端钝圆或斜尖，具斜纹孔或十字形纹孔，壁略木化，木栓细胞棕色或红棕色，表面观呈多角形，切面观呈整齐的长条形。薄壁细胞圆形、长圆形或纺锤形，壁薄。

3. 检查

（1）水分　不得过15.0%。

（2）总灰分　不得过10.0%。

（3）酸不溶性灰分　不得过3.0%。

七、仓储运输

1. 仓储

在藏丹参的仓储过程中，主要注意以下几个方面：阴凉干燥通风；存放时间控制在2～3年以内；密闭保存；严防鼠害、虫害与霉变。

2. 运输

在藏丹参的运输过程中，主要注意以下几个方面：尽量单独运输，避免与串味或有毒性的药材一起运输；长途运输过程中务必要做好防水处理，避免因水湿引起霉变；藏丹参的质地坚而脆，不能与重物一起运输，避免在运输过程中被压断。

八、药材规格等级

市场上的藏丹参多来自于野生资源，品质良莠不齐，多以选货为主，根据其品质可将藏丹参分为优质品和劣质品。

（1）优质品　条粗，质坚脆，易折断，断面不平坦，纤维化明显，皮部内颜色为黑紫色，木部维管束有菊花状白点。咀嚼后回甜，药味浓郁。

（2）劣质品　生长周期短，断面黄色，外皮砖红色，质地软，味道淡，药用效果不佳。

九、药用价值

《晶珠本草》记载："丹参治肝热，口腔热。"

《藏药志》记载："丹参治黄疸型肝炎，肝热，热性头痛，眼翳、口腔溃疡等症。"《中华本草·藏药卷》记载：现代藏医认为丹参的根味苦、微甘，消化后味苦。丹参的花味甘、消化后味甘。丹参的根能够消炎止痛，去瘀生新，活血，清心除烦。在临床上主治心情烦躁所致的胸痹心痛，血虚引起的头晕，肝病，口腔溃疡等。丹参的花能治肝病，口腔溃疡，牙痛。

本品常单用。

参考文献

[1]　中国科学院中国植物志编委会. 中国植物志[M]. 北京：科学出版社，1988.

[2]　国家中医药管理局《中华本草》编委会. 中华本草：藏药卷[M]. 上海：上海科学技术出版社，2002.

[3]　王涛，王龙，杨在君，等. 川西地区鼠尾草属植物资源调查与引种研究[J]. 园艺学报，2012，39（12）：2507−2514.

[4]　祝正银，闵伯清，王秋玲. 唇形科鼠尾草属新植物[J]. 植物研究，2011，31（1）：1−3.

[5]　罗达尚. 中华藏本草[M]. 北京：民族出版社，1997.

藏木香

本品为菊科植物总状土木香*Inula racemosa* Hook. f.和土木香*Inula helenium* L.的根。秋末采挖根部，除去残茎、泥沙，截段，较粗的纵切成瓣，晒干。藏药名为"玛奴"。在西藏，总状土木香分布更多，故以下主要介绍总状土木香的有关内容。

一、植物特征

多年生草本，根状茎块状。茎高60～200厘米，基部木质，径达14毫米，常有长分枝，稀不分枝，下部常稍脱毛，上部被长密毛；节间长4～20厘米。基部和下部叶椭圆状披针形，有具翅的长柄，长20～50厘米，宽10～20厘米；中脉粗壮，与侧脉15～20对在下面高起；中部叶长圆形或卵圆状披针形，或有深裂片，基部宽或心形，半抱茎；上部叶较小。头状花序少数或较多数，径5～8厘米，无或有长0.5～4厘米的花序梗，排列成总状花序。总苞宽2.5～3厘米，长0.8～2.2厘米；总苞片5～6层，外层叶质，宽达7毫米；内层较外层长约2倍；最内层干膜质。舌状花的舌片线形，长约2.5厘米，宽1.5～2毫米，顶端有3齿；管状花长9～9.5毫米。冠毛污白色，长9～10毫米，有40余个具微齿的毛。瘦果无毛。花期8～9月，果期9月。（图1）

图1　总状土木香

二、资源分布概况

产于新疆天山阿尔泰山一带（伊宁、昭苏、阜康、托里、布尔津等）。生于水边荒地、河滩、湿润草地。在四川、湖北、陕西、甘肃、西藏等地常栽培。在西藏主要栽培于拉萨及周边地区。

三、生长习性

总状土木香生长发育快，一年生植株高达50厘米以上，一年生植株不抽薹开花。喜凉爽的气候，耐寒，怕高温。种植于海拔2800～3800米的高山较好。海拔在4100米左右的地区种植，其种子不能成熟，种源靠老根头、枝根等进行繁殖。总状土木香虽喜湿润的气候环境，但怕积水。总状土木香是一种深根喜肥药用植物，一般根入土50厘米左右，应选择土层深厚、疏松、肥沃、排水良好的砂壤土或壤土栽培最好。土壤pH在6.7～7之间。

四、栽培技术

1. 选地整地

总状土木香是高山深根性耐寒植物，宜选择排水保水性能良好、土层深厚、疏松、肥沃、不积水的砂质土壤栽培。播种前施入腐熟的圈肥、土杂肥，每亩约3000千克，然后深翻土30厘米左右，使肥料与底土混合均匀，以利主根下伸，增加"中条"的产量。由于总状土木香根大而长，故应在种植前深耕土地，整地做畦，畦宽40厘米，排水沟或作业道深30厘米，宽30厘米保障排水畅通。

2. 繁殖方法

（1）种子繁殖　春季或秋季用种子繁殖。土壤湿润地区一般在春分前后播种，干旱地区在雨季来临之前播种。选干净的种子用30℃温水浸泡24小时，晾至半干后播种，如果土壤干燥且无灌溉条件，则种子不宜处理。用种量为7.5～15千克/公顷。

①拌种：首先，采用2目（8毫米）的筛子将腐殖土过筛备用，然后，采用种子：腐殖土=1∶50的质量比进行拌种，将种子与腐殖土充分混匀。

②播种：每年4月中旬至5月上旬或8～9月份皆可播种。将充分混匀的种子均匀撒入

苗床上，每平方米用种量约1.5克，每亩用种量约1千克。

③覆土：播种后可用腐殖土覆盖，覆盖厚度3～5厘米；也可直接用畦上的开沟土覆盖，厚度3～5厘米。

④浇水：覆土后要及时浇水，浇水时用雾化喷灌管喷淋，使水分渗入土壤30厘米，土壤含水量达70%～80%为宜。出苗前要确保土壤含水量在60%～70%左右。日间温度若在15～20℃左右，10～15天即可破土出苗。

⑤间苗：待幼苗长至3～5厘米左右，即可间苗。间苗时本着"去弱留壮，去病留健"的原则，按照400株/平方米的密度进行间苗。

⑥除草：第一次除草与间苗同时进行，此后，以保持畦上基本无杂草为原则，每隔一个月除草一次，重点除去畦上与畦间杂草。

⑦施肥：间苗后应及时施肥，主要以含磷、钾的化肥为主，以500克化肥+50千克水的标准浇施，每亩用肥量5千克；营养生长期主要以含氮的化肥为主，以250克化肥+50千克水的标准进行叶面喷施；开花前（现蕾期）追施一次含磷、钾的化肥，以500克化肥+50千克水的标准浇施，每亩用肥量10千克。

⑧移栽：当年秋季播种的于翌年8～9月移栽；当年春播的于翌年4～5月上旬移栽。以秋季移栽为好，幼苗生长健壮。栽前，选根茎有中指粗的壮苗，剪去主根下部细长的部分及主根上的侧根。结合整地，作畦和作业道，畦面宽40厘米，畦高25～35厘米，作业道30厘米。在畦面上纵向开沟栽植。株距为30厘米×30厘米为宜。

播后2～4年即可采挖，产量约为11 800千克/公顷（鲜重）。

（2）子芽繁殖

①筛选种苗：总状土木香根茎侧面萌生有芽眼，可于采挖时，将生长发育健壮的母株上的芽眼用刀割下，选芽饱满、无病虫害的大子芽移栽于苗床培育，至翌年秋季即可出圃定植。切割过子芽的母株上的伤口，要用草木灰处理，以防伤口腐烂。

②栽培时间：在立秋前后为佳，不得迟于8月底。过早在高温影响下幼苗容易枯萎；过迟，气温已下降，对根生长不利。栽种应选晴天进行，以当天栽完为好。栽前，将无芽或已损坏的、茎节被虫咬过的或节盘带虫的一律剔除。

③播种：结合整地，作畦和作业道，畦面宽40厘米，畦高25～35厘米，作业道30厘米。在畦面上纵向开沟栽植。栽时，每个根茎带1～2芽较为经济，深为15厘米左右，株距为30厘米×30厘米，根芽朝上，每畦栽植一行，栽植约47 000株/公顷。周期为2年，产量可达12 000千克/公顷（鲜重）以上。

3. 田间管理

（1）幼苗期　注意间苗，并及时中耕除草，浅松土；三年生的植株生长快，苗出土后要进行深耕。

（2）追肥　生长前期施氮肥，生长后期要多施磷钾肥，促使根部生长粗大。每年春季出苗后，应结合中耕追施腐熟饼肥750～1500千克/公顷，农家肥15 000～25 000千克/公顷，雨水少的地区追肥后要及时灌溉。

（3）排、灌水　栽培后要及时灌水，以防种苗干枯，保证成活率，成活后少灌水，雨季应及时排出积水，防止烂根。

4. 病虫害及其防治

（1）病害　根腐病一般于5月初始发，危害根部，地上部分枯萎。通常高温多雨情况下排水不良地块易发生。

防治方法　选地下水位低且排水良好地块栽种；田间管理时及时拔除病株，不用带菌种苗；发病时用50%托布津1000倍液或50%多菌灵1000倍液喷洒根部。

（2）虫害　主要为蚜虫、银纹夜蛾、蚱蜢等，危害茎叶。

防治方法　蚜虫用40%乐果乳剂1500倍液，每7日喷防1次，银纹夜蛾用90%敌百虫800倍液，每7日喷防1次，蚱蜢用7.5%鱼藤精800倍液，每7日喷防1次，连续3～4次即可杀灭。

总状土木香人工种植的大田示范如图2所示。

图2　总状土木香人工种植大田示范

五、采收加工

1. 采种

有性繁殖的约四年方能开花结实、无性繁殖的约三年即可开花结籽，一般于8~9月份当茎秆由青色变褐色、冠毛接近散开时，种子即成熟，应及时分批割取健壮花盘，置阴凉干燥处，促使总苞散开，打出种子，除去杂物，用麻袋或木箱包装并贮存于通风干燥处，最好在花期每株选一个较大花蕾留种，其余花蕾全部摘除，以保证种子饱满、发芽率高。

2. 采收加工

一般在播后4年采收，如果栽培管理好，2年也可采收。采挖通常在9~10月份进行。过早，地下根茎尚未充实，产量低；过迟，根茎已熟透，在地下易腐烂。采挖时，先割去地上茎叶，挖松周围的泥土，小心将根茎完整挖取，抖去泥土，运回干燥。

藏木香药材如图3所示。

图3　藏木香药材

六、地方标准

2020年版《中国药典》中收载有土木香，总状土木香暂未收录。由西藏、青海、四川、甘肃、云南、新疆卫生局编写的《藏药标准》中对总状土木香的记载如下。

1. 药材性状

本品完整者呈圆锥形，略弯曲，长5~20厘米，表面暗棕色；粗大的根头，上有花茎及叶鞘残基，周围有多数圆柱形支根，栓皮易脱落，有纵皱纹及根痕。质坚硬不易折断，断面略平坦，黄白色至浅灰黄色，在扩大镜下观察，可见凹点状的油室及少数白色光亮的针状结晶。气微香，味苦、辛。

2. 鉴别

（1）横切面　取本品横切片置显微镜下观察：木栓层及栓内层较窄，木栓细胞含少数小形草酸钙棱晶；韧皮部与木质部几乎各占根半径的1/2宽；韧皮薄壁细胞内常含有草酸钙棱晶及菊糖，韧皮射线8～25列，束间形成层有时不明显；木质部外侧的导管单行、双行或2～3成群，内侧导管单行排列；木射线8～20列；油室分布于韧皮部及木质部，内含有金黄色油滴，遇苏丹Ⅲ染成红色。

（2）粉末特征　本品粉末呈浅黄棕色，置显微镜下观察：木栓组织碎片，黄棕色，细胞长方形或长方多边形；薄壁细胞众多，内含细小颗粒状草酸钙结晶及透明块状的菊糖；导管有两种；大导管呈筒形，壁具网纹及网状梯纹；小导管呈长棱形，壁螺纹，木纤维呈棱形，两端尖，有细小裂隙状斜孔纹。木化网状细胞长方形，边缘呈念珠状增厚。

七、仓储运输

1. 仓储

在藏木香的仓储过程中，主要注意以下几个方面：阴凉避光；温度低于20℃；空气湿度控制在40%以下；密闭保存；严防鼠害、虫害与霉变。

2. 运输

在藏木香的运输过程中，主要注意以下几个方面：尽量单独运输，避免与串味或有毒性的药材一起运输，切忌与鲜活农产品混合运输；长途运输过程中务必要做好防水处理，避免因水湿引起霉变。

八、药材规格等级

市场上的藏木香野生与栽培均有来源，多以统货为主，根据其品质可将藏木香分为两个等级。

一级品：干货。呈圆柱形或半圆柱形，表面棕黄色或灰棕色，体实。根条均匀，长8～12厘米，最细的一端直径在2厘米以上。不空、不泡、无朽。无芦头、根尾、焦枯、油条、杂质、虫蛀、霉变。

二级品：干货。呈不规则的条状或块状，长3～19厘米，最细的一端直径在0.8厘米以上。间有根头根尾、碎节、碎块。无须根、枯焦、杂质、虫蛀、霉变。

九、药用价值

《中华藏本草》记载：玛奴清心热、"培根"热及血热，祛风，健胃，消食，镇痛。治"龙"病、心热病、血热病、"培根"热症、"培根""赤巴"合并症以及慢性胃炎、胸肋胀满、消化不良。

《中国医学百科全书·藏医学》记载：藏木香清热凉血。主要用于隆病，血病，木布病，瘟病初期，胸肋疼痛。

方一：十三味藏木香汤散。藏木香300克，悬钩木100克，毛诃子70克，宽筋藤200克，诃子80克，沉香70克，余甘子100克，紫檀香90克，胶质没药70克，山柰80克，丁香60克，打箭菊70克，广酸枣80克。以上共研粗粉，混匀；一次3～5克，一日2次，煎服。具祛风活血，镇静安神作用。用于血热病、高血压引起的喘逆病。（《藏医药选编》）

方二：四味藏木香汤散。藏木香150克，悬钩木250克，宽筋藤120克，山柰50克。粉碎成粗粉，混匀；一次3～5克，一日2次，煎服。解表，发汗。用于流感初期恶寒头痛、关节酸痛、发烧。（《藏医药选编》）

方三：安神丸。槟榔50克，沉香40克，丁香15克，肉豆蔻12.5克，藏木香25克，广枣20克，山柰20克，荜茇15克，黑胡椒17.5克，紫硇砂7.5克，铁棒锤15克，兔心7.5克，野牛心7.5克，阿魏5克，红糖25克。以上十五味，除红糖外，其余粉碎成细粉，过筛，混匀，用红糖加适量水泛丸，干燥，即得。一次2～3丸，一日2次。用于"龙"失调引起的风入命脉，神经官能症，神昏谵语，多梦，耳鸣，心悸颤抖，癫狂，哑结。

方四：八味沉香散。沉香100克，肉豆蔻100克，广枣100克，诃子100克，乳香50克，藏木香175克，木棉花75克，石灰华50克。以上八味，粉碎成细粉，过筛，混匀，即得。一次1.2克，一日2～3次。用于热病攻心，神昏谵语，心前区疼痛，心脏外伤。

参考文献

[1] 中国科学院中国植物志编委会. 中国植物志[M]. 北京：科学出版社，1979.

[2] 罗达尚. 中华藏本草[M]. 北京：民族出版社，1997.

[3] 土旦次仁. 中国医学百科全书·藏医学[M]. 上海：上海科学技术出版社，1999.

[4]　青海省药品检验所，青海省藏医药研究所. 中国藏药：第二卷[M]. 上海：上海科学技术出版社，1990.

大黄
da huang

本品为蓼科植物掌叶大黄*Rheum palmatum* L.、唐古特大黄*Rheum tanguticum* Maxim. ex Balf.或药用大黄*Rheum officinale* Baill.的干燥根和根茎。本品具有泻热攻下、破积滞、行瘀血的作用；主治实热便秘、食积痞满、里急后重、湿热黄疸、血瘀经闭、痈肿疔毒、跌打损伤、吐血、衄血；外用治烫伤。西藏主要栽培掌叶大黄*Rheum palmatum* L.，故以下主要介绍掌叶大黄栽培的相关内容。

一、植物特征

高大粗壮草本，高1.5～2米。根及根状茎粗壮木质。茎直立中空，叶片长宽近相等，长达40～60厘米，有时长稍大于宽，顶端窄渐尖或窄急尖，基部近心形，通常成掌状半5裂，每一大裂片又分为近羽状的窄三角形小裂片，基出脉多为5条，叶上面粗糙，具乳突状毛，下面及边缘密被短毛；叶柄粗壮，圆柱状，与叶片近等长，密被锈乳突状毛；茎生叶向上渐小，柄亦渐短；托叶鞘大，长达15厘米，内面光滑，外表粗糙。大型圆锥花序，分枝较聚拢，密被粗糙短毛；花小，通常为紫红色，有时黄白色；花梗长2～2.5毫米，关节位于中部以下；花被片6，外轮3片较窄小，内轮3片较大，宽椭圆形到近圆形，长1～1.5毫米；雄蕊9，不外露；花盘薄，与花丝基部粘连；子房菱状宽卵形，花柱略反曲，柱头头状。果实矩圆状椭圆形至矩圆形，长8～9毫米，宽7～7.5毫米，两端均下凹，翅宽约2.5毫米，纵脉靠近翅的边缘。种子宽卵形，棕黑色。花期6月，果期8月。果期果序的分枝直而聚拢。野生掌叶大黄如图1所示。

二、资源分布概况

在西藏分布于巴青县、贡觉县、嘉黎县、类乌齐县、芒康县、左贡县及东部地区，生于海拔1500~4400米的山坡或山谷湿地。

三、生长习性

喜干旱凉爽气候，耐寒。在西藏南部地区栽培可安全越冬，平均气温在5℃时，植株开始发芽生长，生长最适温度为15~22℃，如气温超过30℃，则生长缓慢。栽培掌叶大黄时要特别注意排水。喜阳光，应选择阳光充足的地区栽培。掌叶大黄是深根性植物，以选择土层深厚的中性及微碱性砂质壤土及石灰质土壤为好。

种子寿命1~2年，在适当的温度下种子必须吸收相当其重量的（一般为

图1　野生掌叶大黄

100%~120%）水分才能发芽。因此种子发芽期间应供给充足的水分，如在18~20℃有足够湿度时，8~12天即可发芽出苗。如温度低于0℃或高于30℃，则发芽率受到抑制。播种当年或第二年开成叶丛。每年4月中旬返青，第三年6~7月开花、结果。

四、栽培技术

（一）选地与整地

宜选择土层深厚、土壤湿润、富含腐殖质以及排水良好的砂质壤土。地势低洼的土块不宜种植。因大黄不宜连作，宜与马铃薯、蔬菜等进行轮作，以恢复地力和防治病害。在选择好的种植地，每亩施厩肥3000~4000千克作为基肥。深耕30~50厘米，然后作成70厘米的垄，最好为秋播前起垄。也可以平畦种植。

（二）繁殖方法

1. 种子繁殖

在植株生长良好的留种地，待种子变褐色但又未完全成熟时剪下花茎，晒干并脱粒精选后，贮放在通风良好、阴凉干燥的地方。种子最好在当年或次年播种，在室温下贮藏2年后的种子，发芽率只有58%，超过3年种子发芽率明显下降，不宜作种。

（1）播种期　分春、秋两季播种，春播在4月中、下旬，秋播在8月底至9月初，采种后即可播种。

（2）播种方法　直播：在垄上按50厘米开穴，穴深3～4厘米，每穴播种子8～10粒。覆土2～3厘米。每亩播种量1.5～2千克。

（3）育苗移栽　在选好育苗地上，作宽1.2米，高15厘米，长10～20米的高畦。按行距9～10厘米开沟均匀播种，覆土2～3厘米，每亩播种量约5千克。播种后应经常浇水，保持土壤湿润，或盖草帘保湿，15天后即可出苗。经常清除苗床杂草，至苗高10厘米左右即可移栽。移栽宜在阴天进行，按株距50～60厘米在垄上挖穴，穴深5～6厘米。将苗立放穴内，用细土培实，浇足定根水，成活率高。

2. 根芽繁殖

通常在9～10月间收获时进行。当收获三年以上植株时，选择母株肥大，带芽或大型根的根茎，将根茎纵切3～5块，用草木灰保护伤口。按株距50～60厘米挖穴。每穴放1块根茎，芽眼向上，覆土6～7厘米，踩实。根芽繁殖有点费工，但生长较快。一般第二年即能开花，第三年便可以采收。

（三）田间管理

（1）中耕除草　出苗后，在苗高5厘米时进行第一次除草。一般常采用"三铲三趟"的管理，以后拔大草即可，第三次在封垄前进行，并结合培土。

（2）间苗、定苗　垄种穴播的结合第一次中耕除草进行间苗，每穴选健壮植株留2～3株，畦种条播的每10厘米留1株。育苗的可以间去过密的苗，间距10厘米为宜。当苗高10～15厘米时可定苗，每穴留1株。畦种条播的株距40～50厘米留1株，进行定苗。以后每年进行"三铲三趟"即可。

（3）追肥　大黄喜肥，播种后每年应追肥2～3次。第一年的6月下旬，结合第三次中耕除草施厩肥1500～2000千克，再加过磷酸钙10～15千克、氯化钾或硝酸铵5～10千克。第二次在8月进行，主要施磷、钾肥，每亩10千克左右。第二年追肥2～3次，每次均在根侧开沟施入。

（4）摘除花茎　种植2年的大黄，于5月中、下旬，从根茎部抽出花茎。为保证地下部分有充足的养分，获得高产，应及时摘去花茎，并用土盖住根头，踩实。防止切口灌入雨水后腐烂。

（5）灌、排水　大黄耐旱、怕涝。因此大黄除苗期干旱应浇水外，一般不必浇水。7～8月雨季，应及时排除积水，否则易烂根。

（四）病虫害及其防治

1. 病害

（1）轮纹病　病原是真菌中的一种半知菌。受害叶片上病斑近圆形，红褐色，具同心轮纹，边缘不明显或无。病斑上密生小黑点，发生严重时，叶片枯死。病菌以菌丝在病斑内或子芽上越冬。翌年春季产生分生孢子，借风雨传播，扩大病害。

防治方法　秋季清园，将病害叶集中烧掉，减少越冬菌源；出苗后两周开始喷1∶2∶300波尔多液喷雾防治。

（2）根腐病　病原是真菌中一种半知菌。危害根部。发病植株萎蔫，根部腐烂，雨季最易发生。

防治方法　雨后及时排水；生长期经常松土，防止土壤板结；发病期用50%甲基托布津800倍液浇灌病株根部，或拔掉病株，并用5%石灰乳消毒病穴。

2. 虫害

（1）斜纹夜蛾　属鳞翅目夜蛾科昆虫。6～7月间幼虫吸食叶片叶肉及表皮，仅留叶脉呈纱网状。严重时叶片被咬成缺刻。后期老熟幼虫入土作土室化蛹。

防治方法　利用黑光灯诱杀成虫，发生期喷90%敌百虫800～1000倍液。

（2）金花虫　属鞘翅目叶甲科。以成虫、幼虫咬食叶片成孔洞。每7～8月发生严重。

防治方法　用90%敌百虫800倍液或鱼藤精800倍液喷雾。每7～10天一次。

此外还有蚜虫、蛴螬等害虫。

掌叶大黄人工种植的大田示范如图2所示。

图2　掌叶大黄人工种植大田示范

五、采收加工

1. 采收

大黄移栽后2~3年即可采收，9~10月地上部分枯萎时，挖出根茎及根。

2. 加工

洗净根及根茎泥土，用刮刀刮去粗皮及顶芽。切成小片或切段后用绳串起，悬挂在房下阴干或用文火烘干。产量一般为亩产干货300~450千克。折干率为30%~40%。

大黄药材如图3所示。

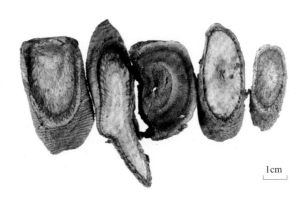

1cm

图3　大黄药材

六、药典标准

2020年版《中国药典》中收载有大黄，为蓼科植物掌叶大黄*Rheum palmatum* L.、唐古特大黄*Rheum tanguticum* Maxim. ex Balf.或药用大黄*Rheum officinale* Baill.的干燥根和根茎。

1. 药材性状

本品呈类圆柱形、圆锥形、卵圆形或不规则块状，长3～17厘米，直径3～10厘米。除尽外皮者表面黄棕色至红棕色，有的可见类白色网状纹理及星点（异型维管束）散在，残留的外皮棕褐色，多具绳孔及粗皱纹。质坚实，有的中心稍松软，断面淡红棕色或黄棕色，显颗粒性；根茎髓部宽广，有星点环列或散在；根木部发达，具放射状纹理，形成层环明显，无星点。气清香，味苦而微涩，嚼之粘牙，有沙粒感。

2. 鉴别

（1）横切面　根木栓层和栓内层大多已除去。韧皮部筛管群明显；薄壁组织发达。形成层成环。木质部射线较密，宽2～4列细胞，内含棕色物；导管非木化，常1至数个相聚，稀疏排列。薄壁细胞含草酸钙簇晶，并含多数淀粉粒。

根茎髓部宽广，其中常见黏液腔，内有红棕色物；异型维管束散在，形成层成环，木质部位于形成层外方，韧皮部位于形成层内方，射线呈星状射出。

（2）粉末特征　草酸钙簇晶直径20～160微米，有的至190微米。具缘纹孔导管、网纹导管、螺纹导管及环纹导管非木化。淀粉粒甚多，单粒类球形或多角形，直径3～45微米，脐点星状；复粒由2～8分粒组成。

3. 检查

（1）水分　不得过15.0%。
（2）总灰分　不得过10.0%。

4. 浸出物

照水溶性浸出物测定法项下的热浸法测定，不得少于25.0%。

七、仓储运输

大黄是根部药材，易受虫蛀和发霉，在仓储和运输过程中要特别注意做好防水、防潮处理，避免引起霉变。为避免虫蛀，在仓储运输之前可用化学药物熏杀害虫，通常保存少量的药材时可将硫黄点燃生成二氧化硫熏蒸，保存大量的药材时可喷洒三氯硝基甲烷熏蒸。

八、药材规格等级

目前市场流通的大黄药材多为统货。大黄以质坚实，气味清香，味苦而微涩者为佳。

九、药用价值

《西藏植物志》（第一卷）记载："大黄泻实热，下积滞，泻火解毒。"

《晶珠本草》记载："君扎泻毒热、肺热、培根病。"《如意宝树》中说："大黄止培根泻痢；根泻下，治热结便秘、水肿喘满；白大黄泻胆热；水大黄干疮水。"让钧多吉说："大黄，亚大黄，水大黄和山大黄的叶、茎性温，治培根寒症；根性寒平，泻诸病。"《藏本草》载："根及根茎治腑热，胆热，瘟病时疫，腹痛，便秘。茎（君母札）治培根病和赤巴病引起的热性病，泻痢，大便秘结，胸腹胀满，气喘。"《神农本草经》载："下瘀血，血闭寒热，破癥瘕积聚，留饮宿食，荡涤肠胃，推陈致新，通利水谷，调中化食，安和五脏。"《本草纲目》载："下痢赤白，痢疾腹痛，小便淋沥，实热燥结，潮热谵语，黄疸，诸火疮。"

方一：十味诃子汤散（藏药名：阿如久汤）。诃子15克，毛诃子10克，余甘子15克，宽筋藤15克，獐牙菜15克，榜嘎15克，兔耳草15克，大黄15克，腊肠果10克，大戟10克。以上十味，粉碎成粗粉，过筛，混匀，即得。一次1.6克，一日2次，水煎服。具有清热、泻肝之功。用于肝炎、乙型肝炎。

方二：大黄60克，诃子30克，山柰20克，沙棘果膏15克，青木香10克，寒水石60克，土碱60克，硇砂15克，螃蟹壳15克，鬼臼15克，蛇肉（用麝香水泡一昼夜，晾干）15克。共研细，治子宫瘀血，闭经，月经不调。每天早上、中午各服3克，冲服。上方再加藏羚羊角、羚羊角各3克，可催产、下胎衣或下死胎。

方三：大黄40克，水柏枝30克，山柰30克，青木香10克，寒水石50克，土碱60克。共研细粉。治消化不良、胃气不舒、胃扩张、急性肠胃炎、胃肠溃疡、腹部包虫病等。一次3克，一日3次，饭后冲服。

参考文献

[1] 中国科学院中国植物志编委会. 中国植物志[M]. 北京：科学出版社，1998.

[2] 吴征镒. 西藏植物志[M]. 北京：科学出版社，1985.

[3] 罗达尚. 新修晶珠本草[M]. 成都：四川科学技术出版社，2004.

[4] 青海省药品检验所，青海省藏医药研究所. 中国藏药：第一卷[M]. 上海：上海科学技术出版社，1990.

gan qing qing lan
甘青青兰

本品为唇形科植物甘青青兰*Dracocephalum tanguticum* Maxim.的干燥全草。又名唐古特青兰，为常用藏药，藏名音译为"知羊格""知羊高"。本品具有特殊气味，色泽较绿，化学成分主要可分为挥发油类、黄酮及黄酮苷类、植物甾醇类、有机酸及其酯类、无机元素等。甘青青兰的药理活性研究表明其具有抗氧化和抗缺氧、抑菌作用、抗病毒和保肝作用、心肌保护作用、抗氧化和清除自由基作用。

一、植物特征

多年生草本。茎直立，高35～55厘米，钝四棱形，上部被倒向小毛，中部以下几无毛，节多，节间长2.5～6厘米，在叶腋中生有短枝。叶具柄，柄长3～8毫米，叶片轮廓椭圆状卵形或椭圆形，基部宽楔形，长2.6～4（～7.5）厘米，宽1.4～2.5（～4.2）厘米，羽状全裂，裂片2～3对，与中脉成钝角斜展，线形，长7～19(30)毫米，宽1～2(3)毫米，顶生裂片长14～28（～44）毫米，上面无毛，下面密被灰白色短柔毛，边缘全缘，内卷。轮伞花序生于茎顶部5～9节上，通常具4～6花，形成间断的穗状花序；苞片似叶，但极小，只有一对裂片，两面被短毛及睫毛，长为萼长的1/3～1/2。花萼长1～1.4厘米，外面中部以下密被伸展的短毛及金黄色腺点，常带紫色，2裂至1/3处，齿被睫毛，先端锐尖，上唇3裂至本身2/3稍下处，中齿与侧齿近等大，均为宽披针形，下唇2裂至本身基部，齿披针形。花冠紫蓝色至暗紫色，长2.0～2.7厘米，外面被短毛，下唇长为上唇的二倍。花丝被短毛。花期6～8月或8～9月（南部）。野生甘青青兰如图1所示。

二、资源分布概况

甘青青兰产于甘肃西南、青海东部、四川西部（南至乡城）及西藏东南部（察隅）。生于干燥河谷的河岸、田野、草滩或松林边缘，海拔1900～4000米。

三、生长习性

喜温暖、半湿润的气候，较耐寒，较耐旱；适宜于半湿润亚热带地区种植。要求土质肥沃、排水良好、富含腐殖质的砂质中性壤土。甘青青兰为多年生草本，每年春季栽种，秋末枯萎休眠，第二年春天萌发新芽；由于土壤肥力、理化性质改变，甘青青兰一般种植3年左右开始退化，需重新种植。甘青青兰一般花蕾期采收，从播种到采收一般需100天左右。

图1　野生甘青青兰

四、栽培技术

1. 选地整地

育苗地应选取向阳、靠近水源、疏松较肥沃、排水良好的砂质壤土。每亩施用1000～1500千克的有机肥。均匀撒入地表面，深耕25～30厘米，整平耙细，作宽1.2米，高20厘米的高畦，畦周围挖好排水沟，沟宽25厘米。栽植地应选择地势较平坦、光照充足、土层深厚、疏松肥沃、灌溉方便、排水良好的砂质壤土种植，每亩施有机肥2500千克左右，加过磷酸钙20～30千克，混合后均匀撒施地面，然后耕翻土壤深30厘米左右。整平耙细，作宽1.2米，高15厘米的高畦，长因地势而宜。

2. 繁殖方法

（1）种子繁殖　采用育苗移栽，春季播种，由于种子较小，为播撒均匀需要进行拌种，比例为1：10。一亩苗床播种量为1千克。播种后耙平，畦面要浇透水。

（2）扦插繁殖　多使用半木质化的茎为材料，长度10厘米左右。插穗使用0.1% NAA等生长素溶液浸泡10分钟。扦插在全光喷雾条件下进行，可提高扦插成活率。扦插基质为壤土与腐殖土比例1：3，拌匀并喷施多菌灵溶液（0.1%）消毒。扦插株行距为5厘米×5厘米。扦插深度为插入基质内5～10厘米，插后连续喷雾1小时，让基质与插穗充分接触。扦插后20～25日生根，2个月后可移植栽培。栽培后及时浇透水。

3. 田间管理

（1）中耕除草　除草是保证甘青青兰产量的主要措施之一，因此应做到勤除杂草，特别是苗期更要注意除草。

（2）追肥　在5月份植株现蕾时应追肥一次，以氮、磷肥为主，每亩用尿素15～25千克，过磷酸钙25～40千克，以提高产量和挥发油的含量。留种基地进行施肥可以促进种子饱满，提高种子产量和质量。

（3）排、灌水　栽培后要及时灌水，以防苗干枯，保证成活率，成活后少灌水，降雨较少时叶片出现缺水症状应及时浇水。

4. 病虫害及其防治

（1）病害　白斑病主要症状是在植物的叶片上产生大小不等、形状多样、颜色不同的斑点或斑块。

防治方法　①收获后清园，集中烧毁地上部病残株。②加强栽培管理、增强植株长势，提高抗病力，进行轮作，改进浇水方法，有条件者可采用滴灌，保持通风透光。③发病初期及时用药：50%多菌灵可湿性粉剂600～800倍液、65%代森锌可湿性粉剂600～800倍液、70%代森锰锌可湿性粉剂600倍液、50%克菌丹可湿性粉剂500～600倍液。

（2）虫害　主要有地老虎、蛴螬、蝼蛄等害虫，危害地下根及咬伤幼苗的茎。

防治方法　可用毒饵诱杀幼虫。用黑光灯诱杀成虫或药物喷杀。

甘青青兰人工种植的大田示范如图2所示。

图2 甘青青兰人工种植大田示范

五、采收加工

1. 采种

栽培当年即可收种，种子成熟期8～9月，由于开花持续时间长，有一半种子成熟时即可采收，采收过晚种子掉落。晒干脱粒，放在干燥、凉爽、通风处贮藏。

2. 采收加工

栽培后当年夏季收获，根据需要如果取地上部位入药，每年可以采收2次，第一次在5～6月，花蕾期采收较好，第二次为8～9月。如果以全草入药，可以在6月份花蕾期采收，并洗净泥土，去除枯叶，切段阴干。阴干过程要经常翻动，直到药材变脆，进行贮藏时，放于凉爽处，防潮湿、防止虫蛀变质。

甘青青兰药材如图3所示。

图3 甘青青兰药材

六、部颁标准

目前甘青青兰尚未被《中国药典》收录,只有1995年版的《中华人民共和国卫生部药品标准》(藏药第一册)中有相关描述,详细记录如下。

1. 药材性状

本品茎方形,直径2～4毫米,有纵沟;表面灰绿色或蓝紫色,质脆,易折断,断面有髓或中空。叶对生,多破碎,长2～5厘米,羽状深裂至全裂,裂片常皱缩扭曲呈针状,完整者湿润后展开呈狭披针形,灰绿色;叶柄长2～10毫米。轮伞花序,苞片叶状,花萼筒状,长1～1.4厘米,具5齿;花冠二唇形,蓝色,长2～3厘米。气香,味辛、微苦。

2. 鉴别

本品粉末灰绿色。置紫外光灯(365纳米)下检视显黄色荧光。叶表皮细胞垂周壁波状弯曲,周围角质线纹明显,密布不定式气孔。非腺毛呈锥形,由1至多个细胞组成,基部直径约50微米,具角质线纹和疣状凸起。腺毛头部扁球形,1～3个细胞,直径90～130微米,具短柄,偶见多细胞长柄。花粉粒众多,黄色,球形,表面有疣状突起,多数有6个孔沟,直径70微米,可见三个萌发孔。导管为网纹及环纹。

七、仓储运输

1. 仓储

在甘青青兰的仓储过程中，主要注意以下几个方面：阴凉避光；温度低于20℃；空气湿度控制在40%以下；密闭保存；严防鼠害、虫害与霉变。

2. 运输

在甘青青兰的运输过程中，主要注意以下几个方面：尽量单独运输，用硬纸箱包装，避免药材因挤压而碎断；长途运输过程中务必要做好防水处理，避免因水湿引起霉变。

八、药材规格等级

市场上的甘青青兰主要来源于野生，质量以色泽较绿，无霉变、无异味为佳。统货：干货，茎多稀疏，茎叶绿色，花蕾较多，紫色，有浓香气。无泥土、杂质、霉变。

九、药用价值

《晶珠本草》记载：甘青青兰阴阳二坡皆生。叶、花蓝色，花状如唐古特青兰。味甘、苦，功效：清肝热，止血，愈疮，干黄水。甘青青兰的临床应用：治疗慢性气管炎。将唐古特青兰制成片剂，每天2次，每次5片，饭后服（每日量相当于原生药9克）。

方一：七味消肿丸。余甘子300克，红花150克，波棱瓜子40克，甘青青兰200克，巴夏嘎80克，榜嘎100克，绿绒蒿150克。

方二：十八味降香丸（藏药名：曾旦久杰日布）。降香240克，木香100克，石灰华140克，甘青青兰140克，红花160克，紫草茸140克，丁香40克，藏茜草160克，肉豆蔻30克，藏紫草200克，豆蔻30克，兔耳草140克，草果30克，矮紫堇140克，诃子200克，巴夏嘎140克，莲座虎耳草120克，牛黄2克。以上十八味除牛黄外，其余十七味，粉碎成细粉，过筛，加入牛黄细粉，混匀，用水泛丸，干燥即得。能够干坏血，降血压，理气。用于多血症及高血压引起的肝区疼痛，口唇指甲发绀，口干音哑，头晕眼花。

方三：十八味牛黄散（藏药名：浪青美多久杰）。牛黄35克，檀香6.5克，降香9克，沉香25克，小伞虎耳草25克，诃子2.5克，矮紫堇5克，余甘子8.5克，绿绒蒿5克，波棱瓜子0.5克，藏木香5克，芫荽果5克，甘青青兰5克，渣驯膏15克，木香5克，天竺黄17克，红花25克，巴夏嘎8克。以上十八味，除牛黄、渣驯膏另研细粉外，其余共研成细粉，过筛，加入牛黄、渣驯膏细粉，混匀，即得。能够活血，化瘀。用于肝血增盛引起的胸背刺痛，"木布"增盛，肝胃不适等。

参考文献

[1] 中国科学院中国植物志编委会. 中国植物志[M]. 北京：科学出版社，1977.

[2] 尹秀，禄亚洲. 藏药甘青青兰的研究现状及发展前景[J]. 中国园艺文摘，2015，31（6）：208–210.

[3] 罗达尚，新修晶珠本草[M]. 成都：四川科学技术出版社，2004.

[4] 青海省药品检验所，青海省藏医药研究所. 中国藏药：第一卷[M]. 上海：上海科学技术出版社，1990.

po po na

婆婆纳

本品为玄参科植物长果婆婆纳*Veronica ciliata* Fisch.及同属多种植物的干燥全草。《中国藏药》（第一卷）在婆婆纳条目下列出4种婆婆纳，分别是长果婆婆纳、光果婆婆纳、毛果婆婆纳和大花婆婆纳。其中毛果婆婆纳分布于我国青藏高原及西北部，属高海拔及高寒植物，是我国传统药藏药中使用极为普遍的药用植物，藏药材名称音译为"董纳冬赤"，全草入药。具有清疮热、生肌、止血的作用，用于疮疡、湿疹、皮肤溃烂、出血等。以下主要介绍毛果婆婆纳栽培的相关内容。

一、植物特征

植株高20～50厘米。茎直立，不分枝或有时基部分枝，通常有两列多细胞白色柔毛。叶无柄，披针形至条状披针形，长2～5厘米，宽4～15毫米，边缘有整齐的浅刻锯齿，两面脉上生多细胞长柔毛。总状花序2～4支，侧生于茎近顶端叶腋，花期长2～7厘米，花密集，穗状，果期伸长，达20厘米，具长3～10厘米的总梗，花序各部分被多细胞长柔毛；苞片宽条形，远长于花梗；花萼裂片宽条形或条状披针形，长3～4毫米；花冠紫色或蓝色，长约4毫米，筒部长，占全长的1/2～2/3，筒内微被毛或无，裂片倒卵圆形至长矩圆形；花丝大部分贴生于花冠上。蒴果长卵形，上部渐狭，顶端钝，被毛，长5～7毫米，宽2～3.5毫米，花柱长2～3.5毫米。种子卵状矩圆形，长0.6毫米。花期7月。野生毛果婆婆纳如图1所示。

图1　野生毛果婆婆纳

二、资源分布概况

分布于西藏（东半部）、四川、青海、甘肃。生于海拔2500～4500米的高山草地。

三、生长习性

本种属于耐寒、耐旱的多年生草本植物。在海拔2500～4500米范围内，分布于田缘草丛、高山稀疏灌丛周围及高山草甸内。略为喜阴的习性，使其常常分布于山地北坡及西北坡。生境土壤以砂壤土为主，早晚温差大，年降雨量在400～600毫米。

四、栽培技术

1. 繁育方法

本种主要采用种子繁育法。

（1）种子处理（浸种）　根据试验，储藏一年的种子在未经任何处理的情况下其含水量为8.99%，这完全达不到种子正常萌发的需要，因此，我们开展了种子吸涨试验，并确定播种前种子最佳浸种条件为2小时，含水量达到44.44%。

（2）种子处理（激素处理）　我们通过开展毛果婆婆纳种子萌发抑制物活性试验，发现毛果婆婆纳种子醇提取物和水提取物对小白菜和小麦种子的萌发存在一定程度的抑制作用，这也是在自然生境中该物种自我繁殖能力弱的关键因素。因此，为了在人工环境下提高种子萌发率和幼苗成活率，我们筛选出了最佳激素处理条件，即15℃自然光照条件下，使用1毫克/升的GA，浸种2小时，漂洗干净后，在阴凉处晾至半干，放入玻璃容器中，在冰点条件下，冷藏24小时。

（3）整地与基肥　毛果婆婆纳属高海拔耐寒植物，半阴喜湿，偏酸性砂壤土，需要较高含量的有机质。根据这一生境条件，在播种之前应进行土质改质、翻土、杀菌、耙细等整地工作。具体方法为，根据播种地的土壤，以偏酸性砂壤土为主要栽培基质，并每亩施混合农家肥350千克，混合腐殖土150千克，耙细整地，灌足制墒保墒的水备用。为了节约种植管理成本，毛果婆婆纳的种植不设置苗床的过渡田，备用下种地直接作为定植田。

（4）播种　在待播地的墒情达到合适时（田土握能成团，轻触即散），深翻耙细。播种期选择在每年开春4月15日左右。毛果婆婆纳种子千粒重仅为0.042 63克，种子十分微小，采用常规的纯种撒播十分困难，因此在播种环节上，我们采用混合基质稀释法，以种子：腐殖质=1：10的稀释比例制作用于撒播的种子基质，以每亩下种量为0.1千克均匀撒播，并用农具在撒播面上均匀覆土<0.5厘米。

2. 栽培管理

（1）苗期与管理　播种后的种子，经过10～12日后出苗，20日左右进入出苗高峰期。毛果婆婆纳新生幼苗由于种子本身体质差等原因，苗根十分纤细，在管理上重点存在灌溉不便和除草难度大的困难。因此，通过多年经验的总结，苗期灌溉采用滴灌法或喷雾灌溉法，灌溉时间选择在早晚凉爽时段或阴天进行，每4日灌溉一次，并一次灌透。苗期除草方面，由于苗根纤细，需等到幼苗长到5厘米左右时，结合间苗工作开展，间苗后种植密度保持在株距×行距=15厘米×20厘米。同时为避免苗期受杂草困扰，尽量从土地处理阶段就做到细筛田土和除杂工作。

（2）追肥　出苗高峰期过后，是提苗、壮根的关键时期，需要及时追施根肥，具体农家肥和复合肥每亩5～10千克的标准，兑水200～300倍，淋根、灌施和喷灌的方法追施，每10～15日使用一次。

（3）越冬处理　经过当年的播种、苗期和倒苗后，毛果婆婆纳进入头年的自然越冬期，这个过程一方面起到自然条件下的优胜劣汰的作用，另一方面也能增强植株的各种抗逆生理。在越冬期间，最重要的管理措施是浇足冻水，并补充田表肥，肥料主要选用牲畜肥，按每亩800千克施用，这几项工作每年11月以后（冻土前）进行。

（4）药材期　毛果婆婆纳播种后的次年就进入药材期，就植物本身的生长而言，不再有很大的障碍，特别是随着根茎等器官的壮实，在田间管理上，采取常规田间管理方法就能满足栽培需求。即每年6月上旬至中旬期间，开始进入生长旺期，即营养生长期，此时对营养物质的需求较高，因此，每年5月中旬至下旬期间，要求追肥一次，肥料品种主要选牲畜肥、粪水等有机肥料，肥料施用量为500千克/亩，采用沟埋或混水稀释的方法追加在植物根部。每5～7天灌溉一次，选择在早晚或阴天进行灌溉，灌溉时避免少量多次，应一次灌足灌透。

3. 病虫害及其防治

（1）病害　毛果婆婆纳人工种植生产，主要遇到的病害为根腐病，根腐病的典型症状为地表植株快速枯萎，轻轻一拉就能抽出部分地下根结，挖出地下根部能明显发现出现烂根的病害点。出现根腐病的主要原因有以下几点：

①高温潮湿气候，地表蒸发缓慢，导致地表出现影响地下根茎呼吸的苔藓层等；

②灌溉措施不科学，灌溉频率过高、晴天灌溉等都会导致根部呼吸系统受损而根腐；

③地下虫害的发生也是发生根腐病的主要致因。

防治方法　及时对地表蒸发不良及出现苔藓层的地块实施松土，人为增加土地各层之间的水汽循环；及时查找伤害植株根部的虫体，使用GAP标准收录的杀虫剂，进行针对性更强的杀灭；采取少频次、单次足量的灌溉措施，避免地表出现板结层，同时避免正午及午后高温期的灌溉，选择在阴天及早晨灌溉。

（2）虫害　毛果婆婆纳人工生产过程中出现的虫害种类并不多，这与植物茎叶苦味导致适口性差有着直接关系。实际生产中发现的主要害虫为粉虱，易发生在入夏后出现连续干旱天气的情况下。

防治方法　①粉虱的防治最关键措施是勤观察，将虫害控制在萌芽期，对发现的粉虱活体及染虫植株及时连根拔除，火烧等方法彻底清除。②一旦粉虱大面积爆发，人工除虫无济于事，只好采取药剂除虫。③早期用药在粉虱零星发生时开始喷洒20%扑虱灵可湿性粉剂1500倍液或25%灭螨猛乳油1000倍液、2.5%天王星乳油3000～4000倍液、2.5%功夫菊酯乳油2000～3000倍液、20%灭扫利乳油2000倍液、10%吡虫啉可湿性粉剂1500

倍液，隔10天左右1次，连续防治2～3次。生育期药剂防治1～2龄时施药效果好，可喷洒50%稻丰散乳油1500～2000倍液、80%敌敌畏乳油或40%乐果乳油或50%磷胺乳油、50%马拉硫磷乳油、50%杀螟松乳油1000倍液、10%天王星乳油5000～6000倍液、25%灭螨猛乳油1000倍液、20%灭扫利乳油2000倍液、5%锐劲特悬浮剂1500倍液、10%扑虱灵乳油1000倍液。3龄及其以后各粉虱虫态的防治，最好用含油量0.4%～0.5%的矿物油乳剂混用上述药剂，可提高杀虫效果。

毛果婆婆纳人工种植的大田示范如图2所示。

图2 毛果婆婆纳人工种植大田示范

五、采收加工

1. 采种

种子繁育的毛果婆婆纳，第二年就进入生殖生长期，花期为每年的7月中旬，但第二年的花穗长度仅有4厘米左右，不适合种子的采集。因此作为留种，从种植地的不同区域专门留出采种地，等到第三年开始采种，此时整体种穗的长度达到7～12厘米。

2. 采收

毛果婆婆纳以全草或地上部分入药，因此，采收时间选择在植物从营养生殖阶段过渡到生殖生长阶段。在实际生产过程中，过渡阶段为每年6月中旬左右。

3. 加工

采收的药材，由于正处生长旺盛阶段，同时顶端已经形成花苞，其特点是含水多，花苞处易霉变生虫，因此，采收的新鲜药材切勿堆放。应及时冲洗沾染在药材上的泥土杂物后，趁新鲜切成6厘米长的条段，并选择阴干处摊开晾干。

婆婆纳药材如图3所示。

图3　婆婆纳药材

六、地方标准

目前，婆婆纳尚未被《中国药典》收录。关于藏药材"董纳冬赤"的标准，目前《西藏自治区藏药材标准》中收录的基原植物为长果婆婆纳Veronica ciliate Fisch.，但从使用婆婆纳药材企业收集到的样品分析，西藏各制剂生产企业所使用药材的基原植物为毛果婆婆纳Veronica eriogyne H. Winkl.。在西藏自治区藏医院濒危藏药材人工种植技术研究基地内种植培育的种也是毛果婆婆纳，送到四川省中医科学院研究制定药材标准的药材样品也为毛果婆婆纳。毛果婆婆纳目前在《四川省藏药材标准》中有收录。本文中提供的标准及品质评价为四川省中医科学院制定的人工栽培毛果婆婆纳标准。

1. 药材性状

本品呈长圆柱形，全草长20～40厘米，断面黄白色。叶无柄，披针形，长1.5～3厘米，边缘有锯齿。总状花序，被细长柔毛。花冠蓝色或蓝紫色，子房和蒴果密被多细胞柔毛；蒴果长6～8毫米，狭长，被长柔毛，先端钝尖。

2. 检查

（1）水分　不得过12.0%。

（2）总灰分　不得过20.0%。

（3）酸不溶性灰分　不得过14.0%。

七、仓储运输

1. 仓储

采收的药材及制成商品的药材需要严格执行入库登记及信息记录表的填报，形成从采收到入库之间的可追溯信息；仓储过程中该批药材实际存储库房的环境温湿度、虫害预防、鼠害预防等措施都要一一记录，并录入该批药材的信息档案中，便于追溯信息。

毛果婆婆纳药材存储于湿度低于5%，温度12℃的干燥环境中，如果存储空间湿度偏高，每10日左右就要进行一次透风晾晒处理，避免长时间堆积造成霉变变质，并将相关的处理工作及信息进行详尽的登记记录。

2. 运输

运输车辆的卫生应合格，具备防暑、防晒、防雨、防潮、防火等设备；运输时禁止与其他有毒、有害、易串味物质混运。

八、药材规格等级

市场上毛果婆婆纳药材来源于野生的干货、统货。以色泽绿色、花蕾较多、无霉变、无泥土、无杂质、无异味者为佳。

九、药用价值

味苦，性凉。清热，凉血。可清疮热、生肌、止血。用于疮疡、湿疹、皮肤溃烂、出血等。本品在西藏局部地区习惯作为保健茶泡饮。

参考文献

[1] 中国科学院中国植物志编委会. 中国植物志：第67卷[M]. 北京：科学出版社，1979.

[2] 土旦次仁. 中国百科全书·藏医学[M]. 上海：上海科学技术出版社，1999.

翼首草

本品为川续断科翼首花属草本植物匙叶翼首草*Pterocephalus hookeri*（C. B. Clarke）Höeck的全草，为藏族常用药材，藏语音译名为榜子毒乌、榜孜毒乌、榜孜夺吾等。目前生产上主要作为藏药复方药的组分。翼首草最早见载于公元1200年的藏医《四部医典》中，记载为"翼首草使疫毒陈热除"，《晶珠本草》记载："翼首草治瘟病时疫，解毒，清心热。"翼首草具有抗炎镇痛、抗肿瘤和抗菌等药理活性。目前已经从匙叶翼首草中分离出三萜皂苷、环烯醚萜、木脂素类、脂肪酸等化合物60多种，其中翼首草中的五环三萜皂苷类化合物具有抗炎、护肝、抗肿瘤以及机体免疫调节等药理作用，而环烯醚萜类化合物具有抗肿瘤、保肝、抗炎、抗氧化、增强免疫力等作用。翼首草在多种藏成药中广泛使用，主要产品为丸剂，如然降多吉胶囊、十二味翼首散、洁白丸、二十五味甘子丸、二十五味驴血丸、二十六味余甘子丸、九味青鹏散、石榴普安散、清肺止咳丸等。

匙叶翼首草栽培研究开展较晚且尚无相关的育种工作，但是研究发现人工栽培的翼首草中熊果酸与齐墩果酸的含量是野生药材的2～3倍，完全满足用药需求。为获得更为优质的药材，需要开展翼首草育种等相关工作，加强翼首草水肥管理以及次生代谢工程等方面的研究。

一、植物特征

多年生无茎草本，高30～50厘米，全株被白色柔毛；根粗壮，木质化，近圆柱形，直伸，多条扭曲，表面棕褐色或黑褐色，里面白色，长8～15厘米，直径1.5～2.5厘米。叶全部基生，成莲座丛状，叶片轮廓倒披针形，长5～18厘米，宽1～2.5厘米，先端钝或急尖，基部渐狭成翅状柄，全缘或一回羽状深裂，裂片3～5对，斜卵形或披针形，长1～2厘米，顶裂片大，披针形；背面中脉明显，白色，侧脉不显，上表面绿色，疏被白色糙伏毛，背面苍绿色，密被糙硬毛，在中脉两侧更密，边缘具长缘毛。花葶由叶丛抽出，高10～40厘米，无叶，径2～4毫米，疏或密被白色贴伏或伸展长柔毛，具沟；头状花序单生茎顶，直立或微下垂，径3～4厘米，球形；总苞苞片2～3层，长卵形至卵状披针形，先端急尖，长1.2～1.8厘米，宽5～7毫米，脉不明显，被毛，边缘密被长柔毛；苞片线状倒披针形，长10～12毫米，基部有细爪，中脉显著，边缘被柔毛；小总苞长4～5毫米，径1.5毫米，筒状，基部渐狭，端略开张，具波状齿牙，外面被白色糙硬毛；花萼全裂，成20条柔软羽毛状毛；花冠筒状漏斗形，黄白色至淡紫色，长10～12毫米，外面被长柔毛，先端5浅裂，裂片钝，近等长，长约3.5毫米；雄蕊4，稍伸出花冠管外，花药黑紫色，长约3毫米；子房下位，包于小总苞内，花柱长约15毫米，伸出花冠管外，柱头扁球形，淡褐色。瘦果长3～5毫米，倒卵形，淡棕色，具8条纵棱，疏生贴伏毛，具棕褐色宿存萼刺20条，刺长约10毫米，被白色羽毛状毛。花果期7～10月。野生匙叶翼首草如图1所示。

图1　野生匙叶翼首草

二、资源分布概况

匙叶翼首草主要分布于我国青藏高原地区如云南、四川、西藏东部和青海南部地区，生于海拔1800～4800米的山坡草地、草甸、林间草地、林缘及碎石滩草地、耕地等地。

三、生长习性

匙叶翼首草喜凉抗寒，种子发芽需要最低温度为5～10℃，最适温度24～28℃，最高温度为29～35℃。匙叶翼首草可以忍耐-30℃低温，生长所需年平均气温3～18℃。翼首草是喜光植物，分布区域的年平均日照时数1800小时以上，在其生长发育期间，需要有较足够的光照和较强的光照条件。光照过弱，植株生长缓慢，叶片薄、细长，颜色淡绿，产量低。匙叶翼首草为多年生草本，有着完整的生活周期，每一世代的生长过程，可以依器官发育程度分为营养生长期和生殖生长期。一年生可分为发芽期、幼苗期和休眠期。二年生以上可分为萌芽期、展叶开花期、种子成熟期和休眠期。

匙叶翼首草是多年生草本，1～3年栽培年限内，地上部分及全草中齐墩果酸及熊果酸的含量显著增加；地下部分齐墩果酸及熊果酸的含量有先降低后增加的趋势；地上部分含量高于地下部分。在生长期间追施叶面肥能有效促进匙叶翼首草的生长，使主根长和根粗增加，增加匙叶翼首草孽根数，增强同化积累的基础，并能显著提高单株干物质积累量，促进匙叶翼首草增产和改善药材品质。

四、栽培技术

1. 选地整地

育苗地应选择背风向阳、土质疏松肥沃、排灌方便的地作高床，垄高20～35厘米，宽80厘米，长度根据育苗地具体情况而定。将表土壤翻起，打碎土块，清除草根、石块，按照每平方米育苗地加入完全腐熟的牛、羊粪5千克，生物复合肥200～300克，再次用旋耕机耙平混匀。栽植地选择疏松肥沃、排灌便利的土壤，轮作周期2年以上，以禾谷类或其他非川续断科药材为前茬。首先深翻50厘米左右，然后按照2000～3000千克/亩施入腐熟的农家肥，再次深翻、耙平，捡净杂草与砾石，按照垄宽80厘米，高30～35厘米，垄间距20～30厘米的规格起垄，长因地势而宜。

2. 繁殖方法

（1）种子繁殖 将要用于播种的种子放入清水中，水面高度以没过种子15厘米左右，然后不断搅拌，使空瘪种子或其他较轻的杂质漂浮水面，去除杂质，滤干种子备用。4月下旬至5月初播种，播种时，将漂洗后的种子与过筛后的腐殖质按照质量比1∶5的比例进行拌种，以利均匀播种。将拌好的种子均匀撒播在苗床上，然后在表层再覆盖一层3～5厘米厚的腐殖质，播种后要及时浇水，浇水量确保水分渗入土壤20厘米以下。

（2）无性繁殖　通过组织培养可以快速获得性状一致，品质较好的种苗，近年来有相关报道，通过匙叶翼首草的快繁体系研究发现MS＋3.0毫克/升6-BA+0.5毫克/升NAA为最佳丛生芽诱导培养基，丛生芽生根的适宜培养基为MS+0.2毫克/升NAA。通过对匙叶翼首草的高频组织培养再生体系优化研究发现，在培养基MS＋5.0毫克/升6-BA＋2.0毫克/升2,4-D中可在10日内诱导出生长良好的愈伤组织，叶片与茎段的愈伤诱导率分别为84.00%、97.33%；适宜的愈伤组织增殖培养基为MS＋3.0毫克/升6-BA＋2.0毫克/升IAA；适宜的丛生芽诱导培养基为MS＋3.0毫克/升6-BA＋2.0毫克/升IAA+250毫克/升L-脯氨酸＋250毫克/升水解酪蛋白。分株繁殖可以在匙叶翼首草新芽萌动前，将生长多年的匙叶翼首草从根部分开进行种植，每株带一个芽。

（3）移栽　移栽一年生幼苗（当年培育的幼苗），可在当年的6～9月份移栽；越年生幼苗（头年培育，第二年移栽），可在翌年的4～6月份移栽。具体移栽时间，可以根据地域、时节而定。幼苗移栽时最好选择阴天或晴天的下午，有利于提高移栽成活率。按照健壮、无病虫害、无机械损伤、叶片深绿的表观要求筛选农艺性状较好的种苗，按行距35厘米，株距25厘米，每穴栽1～2苗，栽时确保芽露出地表。移栽后若不下雨，需要浇足定根水。

3. 田间管理

（1）中耕除草　匙叶翼首草移栽后，杂草生长迅速，与药材苗争肥、争水、争光的现象比较严重时，要采用人工除草方式清除杂草，切忌使用除草剂。如果是使用覆地膜方式栽培的药材，则只需清除垄间与穴内的杂草即可。

（2）水分管理　匙叶翼首草既要注意排水防涝，又要注意灌溉防旱，移栽地0～20厘米土层中含水量低于50%时就需要灌水。多雨季节遇到连续阴雨，地面大量积水时，要及时排水。

（3）施肥　为保证翼首草药材质量，尽量少施或不施有残留的无机肥料，施用肥料时以生物有机肥、腐熟的农家肥、绿肥为主。

4. 病虫害及其防治

在匙叶翼首草的人工种植过程中主要是病害，特别是在多雨的区域，病害更为严重，虫害相对较少。

（1）叶枯病　植株下部叶片开始发病，逐渐向上蔓延。发病初期叶面产生褐色、圆形小斑，病斑不断扩大，中心部呈灰褐色，最后叶片焦枯，植株死亡。叶枯病通常发生在6月初，一直延续到秋末，6～7月份最严重。

防治方法 ①选用无病健壮的栽种，下种前用波尔多液（1：1：100）浸种10分钟消毒处理。②加强管理，增施磷、钾肥，及时开沟排水，降低湿度，增强抗病力。③发病初期，喷洒60%代森锌600倍液或50%多菌灵800倍液。

（2）根腐病 受害植株须根首先发生褐色干腐，并逐渐蔓延至主根。根部横切，可见横断面有明显褐色，即维管束病变。后期根部腐烂，植株地上部萎蔫枯死，最后整个植株死亡。多在5～6月份发生。

防治方法 ①实行轮作，选择地势较高干燥的山坡地种植。②加强管理，增施磷、钾肥，疏松土壤，促进植株生长，提高抗病力。

匙叶翼首草人工种植的大田示范如图2所示。

图2 匙叶翼首草人工种植大田示范

五、采收加工

1. 采种

匙叶翼首草生产中应建立专门的良种繁殖区，良种繁殖区应建立在土地肥沃且远离药材生产区的地方。并且应在抽薹到初花期适当增施磷钾肥，加强水分管理以提高种子饱满率。当果球变白或变褐色，种子易脱落时可以进行采收，一手提袋子，一手采摘种子。采收的种子应在晴天及时晒干，放于布袋内，储存于干燥阴凉的室内或者种子低温储存箱中。

2. 采收加工

匙叶翼首草移栽后生长2年便可采收入药。以7月中旬至8月下旬采收品质最佳。按照产地传统加工方法，将鲜匙叶翼首草植株去除枯叶、清洗、晾晒、挑选分级、打成小捆（每捆约200克），置于荫凉干燥处保存即可。加工好的药材，主要是由叶片、根和少量花序或果序等部分构成的干燥全草。以叶片较多、药材干燥、无异味、无泥沙等杂质为佳。

翼首草药材如图3所示。

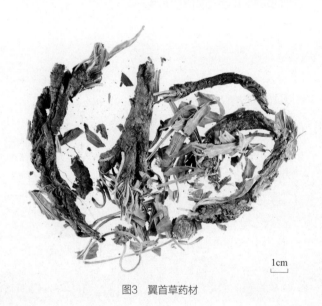

1cm

图3　翼首草药材

六、药典标准

1. 药材性状

本品根呈类圆柱形，长5～20厘米，直径0.8～2.5厘米；表面棕褐色或黑褐色，具扭曲的纵皱纹和黄白色点状须根痕，外皮易脱落；顶端常有数个麻花状扭曲的根茎丛生，有的上部密被褐色叶柄残基。体轻，质脆，易折断，断面不平坦，木部白色。叶基生，灰绿色，多破碎，完整叶片长披针形至长椭圆形，全缘，基部常羽状浅裂至中裂，两面均被粗毛。花茎被毛，头状花序近球形，直径0.8～2.5厘米；花白色至淡黄色，萼片为羽毛状，多数。气微，味苦。

2．鉴别

本品粉末灰棕色或灰绿色。非腺毛单细胞，长240～980微米，壁较光滑，有的壁上有细小的疣状突起。草酸钙簇晶直径12～56微米，单个散在或存在于薄壁细胞中，有的2～5个排列成行。导管多为网纹导管、螺纹导管，直径16～68微米。花粉粒淡黄色，类圆球形或长圆形，直径89～125微米，外壁具刺状突起，有3个萌发孔。

3．检查

（1）水分　不得过12.0%。

（2）总灰分　不得过15.0%。

（3）酸不溶性灰分　不得过6.0%。

七、仓储运输

1．仓储

翼首草晾晒必须使之充分干透，水分含量在10%～12%，打捆后运至标准库房堆垛储藏，储藏期间防水、防潮、防虫、防鼠、防火，及时检查，发现捆内温度高或有霉烂变质现象发生，应立即采取相应措施，重新晾晒。

2．运输

尽可能采用药材单品种的批量运输，不与其他药材或非药材货物混装运输，以避免串味、混杂现象的发生。同时，建立运输管理规程，对每次运输的品种、运输日期、数量、批号、责任人、安全措施、入库验收情况等都形成运输记录。

八、药材规格等级

市场上的翼首草多来自于野生资源，品质良莠不齐，多以统货为主，以植株完整，根部肉质粗壮个体为最佳。

九、药用价值

《晶珠本草》记载："翼首草治温病时疫，解毒，清心热。"现代医学研究表明，翼首草有抗炎镇痛、抗肿瘤、抗菌等作用，主要用于治疗各种传染病所引起的热证、流行性感冒、感冒发烧、心热、血热、肠炎、关节炎等病症。《西藏常用中草药》载："清热解毒，祛风湿，止痛。治感冒发烧及各种传染病所引起的热症，心热，血热等。"《高原中草药治疗手册》载："解毒抗菌。治痈疮疔毒，流感麻疹。"

方一：达斯玛保丸。铁棒锤25克，紫草茸20克，藏茜草25克，镰形棘豆25克，多刺绿绒蒿25克，兔耳草25克，翼首草40克，诃子50克，金腰子40克，木香20克，藏木香25克，榜嘎40克，止泻木子15克，安息香25克，麝香0.5克。以上十五味，除麝香另研细粉外，其余共研成细粉，过筛，加入麝香细粉，混匀，用水泛丸，阴干，即得。一次4丸，一日1～2次。本品为红棕色水丸，具特异香气，味苦。具有清热解毒，消炎杀疠之功。用于脑膜炎，流行性感冒，肺炎，咽炎，疮疡，各种瘟疠疾病。

方二：二十五味余甘子散。余甘子75克，巴夏嘎50克，甘青青兰50克，芫荽15克，兔耳草50克，渣驯膏35克，绿绒蒿40克，翼首草40克，红花65克，降香100克，藏茜草60克，木香马兜铃30克，紫草茸50克，石斛50克，藏紫草75克，力嘎都30克，小伞虎耳草40克，诃子75克，毛诃子75克，波棱瓜子25克，木香40克，藏木香50克，悬钩木75克，宽筋藤75克，沙棘膏75克，牛黄10克。以上二十六味，除牛黄外，其余粉碎成细粉，过筛，加入牛黄细粉，混匀，即得。一次1.2克，一日2～3次。本品为紫红色粉末，味苦、微酸。有凉血降压之功。用于高血压症，血病和扩散伤热引起的胸背疼痛，胃肠溃疡出血，吐酸，肝胆疼痛，各种木布症。

方三：九味青鹏散（藏药名：琼思格巴）。铁棒锤（幼苗）50克，诃子（去核）50克，藏木香50克，安息香27.5克，翼首草10克，力嘎都47.5克，兔耳草47.5克，丛菔47.5克，镰形棘豆50克。以上九味，粉碎成细粉，过筛，混匀，即得。本品为浅黄色粉末，有特异臭气，味苦、涩、微麻。本品有清热止痛，制疠之功。用于瘟疠疾病，流感引起的发烧、肺部疼痛、肺炎、嗓子肿痛等。

方四：二十五味余甘子丸（藏药名：久如尼埃日布）。余甘子75克，巴夏嘎50克，甘青青兰50克，芫荽15克，兔耳草50克，渣驯膏35克，绿绒蒿40克，翼首草40克，红花65克，降香100克，藏茜草60克，木香马兜铃30克，紫草茸50克，石斛50克，藏紫草75克，力嘎都30克，小伞虎耳草40克，诃子75克，毛诃子75克，波棱瓜子25克，木香40克，藏木香50克，悬钩木75克，宽筋藤75克，沙棘膏75克，牛黄10克。以上二十六味，除渣驯膏、沙棘膏、牛黄外，其余粉碎成细粉，过筛。加入牛黄细粉，混匀。用渣驯膏、沙棘膏加适量水泛丸，干燥，即得棕黑色水丸，每丸重0.5克；味苦，微酸。一次2～3丸，一日2～3次。具有凉血降压之功。用于多血症，高血压症，肝胆疼痛，声哑目赤，口渴，口唇发紫，月经不调。

方五：清肺止咳丸（藏药名：处洛更赛日布）。诃子（去核）65克，毛诃子（去核）40克，余甘子（去核）50克，藏木香40克，木香25克，木香马兜铃53克，天竺黄50克，紫草茸25克，藏茜草40克，紫草40克，高山辣根菜50克，翼首草50克，力嘎都35克。以上十三味，粉碎成细粉，过筛，混匀，用水泛丸，干燥，即得紫红色水丸；气微，味微苦。一次4～5丸，一日3次。具有清热止咳，利肺化痰之功。用于扩散伤热，陈旧波动热引起的肺病、感冒咳嗽、胸部疼痛、咯脓血。

参考文献

[1] 中国科学院中国植物志编委会. 中国植物志[M]. 北京：科学出版社，1998.

[2] 甄梓娟，徐元江，廖志华，等. 藏药匙叶翼首草及其同属植物的研究进展[J]. 中药材，2016，39（1）：223-228.

[3] 程晓华，熊玉卿. 五环三萜皂苷的药理作用研究进展[J]. 中草药，2007，38（5）：792.

[4] 余鸽，龙凤来，黄时伟. 环烯醚萜药理作用研究进展[J]. 陕西林业科技，2009（2）：69-73.

[5] 庞伟. 藏药翼首草的研究与应用[J]. 中国民族医药杂志，2007（5）：63-65.

[6] 权红，甄梓娟，李连强，等. 藏药匙叶翼首草中齐墩果酸及熊果酸的含量测定[J]. 中国现代中药，2016，18（6）：762-765.

[7] 徐元江，甄梓娟，许永强，等. 藏药匙叶翼首草的快繁技术研究[J]. 中国现代中药，2016，18（10）：1305-1308.

[8] 袁芳，李晶，任海平，等. 藏药匙叶翼首草高频组织培养再生体系优化研究[J]. 西北植物学报，2017，37（2）：379-386.

[9] 常毓巍，何淑玲，杨敬军，等. 不同叶面肥对匙叶翼首草生长、产量和品质的影响[J]. 贵州农业科学，2011，39（12）：67-70.

西藏中麻黄

xi zang zhong ma huang

2020年版《中国药典》中收载麻黄，为麻黄科植物草麻黄*Ephedra sinica* Stapf、中麻黄*Ephedra intermedia* Schrenk et C. A. Mey.或木贼麻黄*Ephedra equisetina* Bge.的干燥草质茎。而此处收载的西藏中麻黄*Ephedra intermedia* Schrenk ex Mey. var. *tibetica* Stapf为《中国药典》中收载的中麻黄的变种，在西藏片区常作麻黄使用，为当地习用品种。以全草入药。味辛，性温。具有发汗解热、平喘利尿功能，是提取麻黄素的原料。主治感冒、咳嗽、哮喘等病。

一、植物特征

植株高20~80厘米。根木质，黄褐色至暗褐色，木质匍匐横卧土中，外皮褐色或褐红色。有多数须根。小枝圆形，具浅纵槽，对生或轮生，直立或微曲，节明显，绿色，叶对生，膜质，小鳞片状，下部联合成鞘状围绕于茎节。花单性，雌雄异株，雄球花黄色，常有数个雄花序组成穗状；每花有雄蕊7~8枚，花丝合生；雌球花单生枝顶，具苞片4对，雌花2朵。种子包于肉质红色的苞片内，不外露，2粒或3粒，形状变异颇大，常呈卵圆形或长卵圆形，长5~6毫米，径约3毫米。花期5~6月，种子7~8月成熟。野生西藏中麻黄如图1所示。

图1　野生西藏中麻黄

二、资源分布概况

主要分布于西藏日土、噶尔、扎打、普兰、吉隆、芒康、八宿、察雅、昌都、加查、朗县等地。

三、生长习性

生长于山坡、平原、干燥荒地、河床及草原等处，常组成大面积的单纯群落。耐严寒和干旱。对土壤要求不严格。砂土、砂质壤土、壤土均可生长，但低洼和排水不良的土壤不宜种植。种子发芽率约为80%，温度在17～23℃，在足够湿度的条件下，约20日出苗。

四、栽培技术

1. 选地与整地

一般土壤均可选用，但需排水良好的缓坡地，平地最好为砂质壤土。每亩施厩肥1000～2000千克，施后翻耕、耙细、整平，作宽1.2米，高15厘米的高畦，长因地而宜。或起45～60厘米宽的垄种植。低洼地不易种植。

2. 繁殖方法

（1）种子繁殖　麻黄因受粉不完全，种子多数不能成熟，采收时要注意采收成熟饱满的种子，春季播种采用条播或穴播，条播行距30厘米左右，开沟深1厘米，将种子均匀撒入沟内；点播，穴深1～1.5厘米，穴距30厘米，每穴播5粒左右，均匀覆土约1厘米，稍加镇压。播后天旱注意浇水保湿。约20日出苗，每亩播种量2千克左右。

（2）分株繁殖　分株繁殖较为方便，春季在老株还没有发出新芽的时期，将植株挖出，根据株丛大小，可分成5～10小株，然后按行距30厘米开沟，每间隔30厘米栽1株，栽后覆土至根芽，并压周围泥土后浇水。

3. 田间管理

（1）中耕除草　苗期麻黄生长缓慢，应及时中耕除草，一般进行2～3次，做到畦面无杂草。播种不过密常可不间苗。

（2）灌水排水　苗期应适当浇水，使其成活，当苗高6～7厘米以后，不宜多浇水，每年雨季应及时排水，以防烂根。

（3）追肥　一般在每年春天返青前施厩肥每亩1500～2000千克，雨季可施过磷酸钙和尿素各10千克，促进茎叶生长。

西藏中麻黄人工种植的大田示范如图2所示。

图2　西藏中麻黄人工种植大田示范

五、采收加工

1. 采收

麻黄药材的采收，通常在6～7月进行，割取绿色细枝，摘除杂草，去掉泥土。

2. 加工

将收获的药材阴干，若受霜冻则颜色变红，曝晒过长其色泽发黄，均影响药效。干燥后药材可捆成小把或切成长4～5厘米的小段。

西藏中麻黄药材如图3所示。

1cm

图3　西藏中麻黄药材

六、药典标准

2020年版《中国药典》中收载中麻黄*Ephedra intermedia Schrenk* et C. A. Mey.，西藏中麻黄为其变种，药材性状、检查项参考中麻黄下相关项目。药典中详细记载如下。

1. 药材性状

本品呈细长圆柱形。表面淡黄绿色至黄绿色，粗糙，有细纵脊线，节上有细小鳞叶。切面中心显红黄色。气微香，味涩、微苦。

2. 检查

（1）杂质　不得过5%。

（2）水分　不得过9.0%。

（3）总灰分　不得过10.0%。

七、仓储运输

1. 仓储

在西藏中麻黄的仓储过程中，主要注意以下几个方面：阴凉避光；温度不宜太高；空气湿度控制在40%以下；密闭保存；严防鼠害、虫害与霉变。

2. 运输

在西藏中麻黄的运输过程中，主要注意以下几个方面：麻黄是有毒性的药材，切忌与鲜活农产品或其他药材混合运输；长途运输过程中务必要做好防水处理，避免因水湿引起霉变。

八、药材规格等级

市场上的西藏中麻黄多来自于野外采集，各地区品质良莠不齐，多以统货为主，质量以身干、茎粗、色黄绿，味苦涩、断面有黄红心，不碎者为佳品。根据其品质可将西藏中麻黄分为两个等级。

一级品：多分枝，有粗糙感，表面淡绿色至黄绿色。

二级品：多分枝，表面淡绿色至黄绿色。

九、药用价值

《晶珠本草》记载："麻黄止血，清脾热。"《味气铁鬘》曰："麻黄性燥、凉。"《如意宝树》曰："麻黄清新、旧热，特别能清烦热。黑麻黄清肝热。"让钧多吉说："麻黄益疮，治肿瘤。"《神农本草经》记载："主中风，伤寒头痛，温疟。发表出汗，去邪热气，止咳逆上气，除寒热，破症坚积聚。"《名医别录》记载："通腠理，解肌。"《本草纲目》记载："麻黄乃肺经专药，故治肺病多用之。张仲景治伤寒，无汗用麻黄，有汗用桂枝。"

方一：七味红花殊胜散。藏药名：若空确屯。红花112.5克，天竺黄75克，獐牙菜75克，诃子100克，麻黄75克，木香马兜铃75克，五脉绿绒蒿75克。以上七味，粉碎成细粉，过筛，混匀，即得。本品为灰黄色的粉末；气微香，味苦。具有清热消炎，保肝退黄之功。用于新旧肝病，劳伤引起的肝血增盛，肝大，巩膜黄染，食欲不振。一次2～3克，一日2次，早晚各1次，加适量白糖混匀内服。

方二：十一味草果丸。藏药名：郭拉久居日布。草果70克，紫草茸100克，藏茜草100克，诃子180克，麻黄100克，木香120克，丁香30克，豆蔻50克，藏木香100克，波棱瓜子30克，荜茇50克。以上十一味粉碎成细粉，过筛，混匀，用水泛丸，干燥，即得。本品为灰红色水丸；气微香，味辛，涩。能健脾。常用于寒热脾症引起的腹胀、肠鸣，脾区疼痛，舌和口唇发紫，消化不良，矢气频频等。

方三：五味甘露药浴汤散。藏药名：堆子阿。刺柏100克，烈香杜鹃100克，大籽蒿100克，麻黄100克，水柏枝100克。以上五味，捣碎煎汤，即得。本品为褐棕色汤散剂；气香。具有发汗，消炎，止痛，平黄水，活血通络之功。用于痹病即风湿性关节炎、类风湿关节炎、痛风、偏瘫、皮肤病、妇女产后疾病等。将上述粗粉煎汤倒入浴盆，并根据病情，配好加味药，与主药同时注入浴盆。水温40℃，浸泡全身或患病部位，每日2次，每次15～20分钟，浴后卧热炕发汗。浴疗3个疗程，每个疗程7日。高血压、心脏病、高烧及妇女行经期禁浴。

参考文献

[1] 中国科学院中国植物志编委会. 中国植物志[M]. 北京：科学出版社，1980.

[2] 罗达尚. 新修晶珠本草[M]. 成都：四川科学技术出版社，2004.

窄竹叶柴胡

zhai zhu ye chai hu

本品为伞形科柴胡属植物窄竹叶柴胡*Bupleurum marginatum* var. *stenophyllum*（Wolff）Shan et Y. Li的根，藏名叫"色拉赛波"，在西藏等地作柴胡使用，为地方习用品种。含有挥发油、柴胡醇、槲皮素、芸香苷、异鼠李素、柴胡碱等。味苦，性微寒。有发表和里、疏肝解郁、解热镇痛、安胎等功能。主治感冒、上呼吸道感染、寒热往来、肋痛、肝炎、胆道感染、疟疾、月经不调等症。

一、植物特征

多年生草本。植株较矮，高25～60厘米；叶狭长，长3～10厘米，宽3～6厘米，骨质边较窄，基生叶紧密排列成2列；花序少，花柄短；小总苞片长过于花柄。根木质化，直根发达，外皮深红棕色，纺锤形，有细纵皱纹及稀疏的小横突起，长10～15厘米，直径5～8毫米，根的顶端常有一段红棕色的地下茎，木质化，长2～10厘米，有时扭曲缩短与根较难区分。茎绿色，硬挺，基部常木质化，带紫棕色，茎上有淡绿色的粗条纹，实心。叶鲜绿色，背面绿白色，革质或近革质，叶缘软骨质，较宽，白色，下部叶与中部叶同形，长披针形或线形，顶端急尖或渐尖，有硬尖头，长达1毫米，基部微收缩抱茎，脉9～13，向叶背显著突出，淡绿白色，茎上部叶同形，但逐渐缩小，7～15脉。复伞形花序，顶生花序往往短于侧生花序；直径1.5～4厘米；伞辐3～4（7），不等长，长1～3厘米；总苞片2～5，很小，不等大，披针形或小如鳞片，长1～4毫米，宽0.2～1毫米，1～5脉；小伞形花序直径4～9毫米；小总苞片5，披针形，长1.5～2.5毫米，宽0.5～1毫米，顶端渐尖，有小突尖头，基部不收缩，1～3脉，有白色膜质边缘，小伞形花序有花（6）8～10（12）；花瓣浅黄色，顶端反折处较平而不凸起，小舌片较大，方形；花柄较粗，花柱基厚盘状，宽于子房。果长圆形，长3.5～4.5毫米，宽1.8～2.2毫米，棕褐色，棱狭翼状，每棱槽中油管3，合生面4。花期6～9月，果期9～11月。野生窄竹叶柴胡如图1所示。

二、资源分布概况

生长于海拔2700～4000米的高山地区林下、山坡、溪边或路旁。在西藏主要分布于普兰、吉隆、聂拉木、日喀则、仁布、曲水、拉萨、林周、措美、米林、林芝、波密、察雅、洛隆、芒康、贡觉、八宿等地。

三、生长习性

喜生于向阳山坡灌丛、山坡松林下，河边草地，平坝荒地及田边等处。根据试验观察，窄竹叶柴胡在西藏东南部适应性较强，对环境要求不严格。喜温暖，耐干旱，较耐寒冷。在气温−20℃可自然越冬。一般疏林山坡、撂荒地、田边地头均能生长，但以向阳、肥沃疏松、地形为缓坡、排水良好的砂质壤土为宜，地势低洼积水地不宜种植。

图1　野生窄竹叶柴胡

四、栽培技术

1. 选地与整地

宜选择砂壤土或腐殖质土的山坡或疏松肥沃、排水条件良好的砂质壤土地种植。西藏东南大部分山地均适宜窄竹叶柴胡的种植。播种前施足基肥，一般每亩地施有机肥料2500～3000千克，深翻25～30厘米，整平耙细，捡净石块或杂草。作畦或秋天起垄待播。畦宽1.2米，高15厘米，长10～20米。起垄宽60厘米为佳。

2. 繁殖方法

窄竹叶柴胡通常用种子繁殖，直播或育苗移栽。种子发芽率约为60%左右，温度在15～20℃，湿度约60%，播后7～10日即可出苗。

（1）直播　于冬季结冻前（西藏需在保护地进行）或春季4月中、下旬播种。在垄上开沟条播，在畦上按15～20厘米的行距开沟，沟深1.5～2厘米，将处理后的种子均匀撒于沟内，覆土1厘米，稍镇压后盖上草帘浇透水保湿。每亩播种量1～1.5千克。一般当年秋季播种比翌年春播出苗整齐。

（2）育苗　选择向阳背风地作育苗畦。在4月中、下旬播种。常采用撒播，也可条播，行距10厘米，开1.5～2厘米浅沟，将种子均匀撒于沟内，覆土盖严。稍加镇压，盖草帘浇水保湿。撒播可事先将育苗畦浇透水，种子经层积处理后浸至35℃温水中12小时，捞出晾干播种。覆土1～2厘米，上盖草帘保湿，可提高发芽率，早出苗。

（3）移栽　当柴胡苗高5～6厘米时可以挖取带土幼苗，按行距20～25厘米，株距5～10厘米，定植于大田里，定植后要及时浇水，做好保墒保苗工作是高产的关键。在西藏多采用冬季保护地育苗，春季大田移栽为好。

3. 田间管理

（1）松土除草　柴胡出苗后或移栽后要经常松土保持土壤的通透性，除草主要是控制杂草与苗争夺水分和养料，育苗地或大田至少要进行三次除草，保持清洁无杂草。

（2）间苗、定苗　当柴胡苗生长5～6厘米时进行间苗（间苗时留壮苗，将多余的苗拔掉），待苗高10厘米以上，综合松土除草，按株距10厘米左右定苗。

（3）追肥　结合松土除草，定苗后每亩追施过磷酸钙15千克，硫酸铵5～8千克。注意在施肥时切忌施到苗上或碰伤茎秆，以免影响植株的正常生长发育。

（4）灌、排水　出苗前或移栽后要经常浇水保湿，如遇阴雨季节积水应及时排水，防治积水烂根。无论直播或育苗移栽的窄竹叶柴胡，第一年只生长基生叶，基生叶为两侧排列；第二年便开始抽薹开花，若继续扩大种植要注意留种，不留种地应及时摘薹，集中养分，促进根系生长。

4. 病虫害及其防治

（1）病害　常见病害有锈病、斑枯病。锈病病原为真菌类的一种担子菌，危害茎和叶，在叶背和叶基形成锈黄色夏孢子堆，破裂后有黄色粉末随风飞扬。被害部位造成穿孔，茎叶早枯，此病多发生在开花时期（6月份）。斑枯病病原为真菌中类的一种半知菌，危害叶部，形成3～5毫米直径圆形暗褐色病斑，中央呈灰色，后期病斑汇集，叶片枯萎。

防治方法　①保持田间清洁除去病株。在松土时要彻底清除田间杂草和发病后的残株，集中起来晒干烧掉，清除病原。②药物防治。锈病在开花前喷洒敌锈钠300倍液，每间隔7日喷洒1次，连续数次。斑枯病在发病前用1∶1∶120波尔多液喷洒；发病初期用50%退菌特1000倍液，每7日喷洒1次，连续数次。

（2）虫害　常见害虫有黄凤蝶、赤条蝽象。黄凤蝶属鳞翅目凤蝶科昆虫，6～9份月发生，幼虫危害叶、花蕾，严重时仅剩花柄。赤条蝽象属半翅目蝽科昆虫，6～7份月发生危害。成虫或若虫吸取茎叶汁液，使植株生长不良。

防治方法　①可采取人工捕杀的方法。②药物防治。用90%敌百虫800倍液喷雾防治。每隔7日喷洒1次，连续2～3次。

窄竹叶柴胡人工种植的大田示范如图2所示。

图2　窄竹叶柴胡人工种植大田示范

五、采收加工

1. 采种

应选择生长旺盛、无病虫危害的二、三年生柴胡植株留种。由于柴胡为无限花序，种子成熟是分期分批成熟，因此可采取边成熟边采收的方式，防止种子散落。也可割下花茎，将种子脱离下来，晾干后装入棉布袋中放置阴凉处备用。

2. 采收加工

柴胡播种或栽培后一般在第三年9～10月植株开始枯萎时进行采收。采挖后除去茎、叶，抖净泥土，将根晒至半干，捆成0.5千克重的小捆，再晒干备用，或切片晒干备用。据核算每亩产柴胡根为75～100千克干货。折干率3：1。

窄竹叶柴胡药材如图3所示。

图3 窄竹叶柴胡药材

六、地方标准

《中国药典》中未收录窄竹叶柴胡。《贵州省中药材、民族药材质量标准》（2003年版）收载本品，详细记录如下。

1. 药材性状

地上部分长25～60厘米。茎圆柱形，表面绿褐色，有纵直的棱脊。质较脆，易折断，断面实心，白色或黄白色。髓部疏松。叶片绿色或绿褐色，基生叶紧密排列成2列。完整叶片展平后呈狭披针形，长3～10厘米，宽0.3～0.6厘米；平行脉，多为5条，中脉明显；有较窄的白色软骨质边缘。气微，味微苦。

2. 鉴别

本品根横切面：木栓层为7～8列细胞。韧皮部外侧有油室7～9个，径向68～120微米，切向75～220微米。周围分泌细胞8～10个。韧皮部宽厚，无油室。木质部小，导管群呈两个扇形，木纤维和木薄壁细胞连成环状。

七、仓储运输

1. 仓储

在窄竹叶柴胡的仓储过程中，主要注意以下几个方面：清洁干燥；通风避光；置阴凉通风处。

2. 运输

在窄竹叶柴胡的运输过程中，主要注意以下几个方面：忌水浸；晒制好的窄竹叶柴胡通常截成6～15厘米长的小段方便运输；注意防潮。

八、药材规格等级

市场上窄竹叶柴胡多来自野生资源，质量参差不齐。以根干直、粗长、皮细、无茎苗、须根少者为佳品。

九、药用价值

（1）和解少阳　窄竹叶柴胡苦凉，入少阳经，少阳受邪，邪并于阴则寒，邪并于阳则热，本品为少阳专药，气质轻清，苦味最薄，透泄半表半里之外邪，使从外解，故有和解少阳之功效。

（2）祛风除痹　窄竹叶柴胡为风药，风为百病之长，风去则湿去，故有祛风除痹之功效。若症见肢体重着、肌肤顽麻或肢节疼痛、痛处固定、阴雨则发，可选用本品祛风胜湿而除痹。

（3）升阳举陷　窄竹叶柴胡能够升举脾胃清阳之气，可用于治疗中气不足，气虚下陷所导致的脘腹重坠作胀，食少倦怠，久泄脱肛，子宫下垂，肾脏下垂等脏器脱垂病症。

（4）舒肝解郁　窄竹叶柴胡辛行苦泄，性散调达肝气，可以疏肝解郁。可以用来治疗肝失疏泄，气机郁阻所导致的胸胁或者少腹胀痛、情志抑郁、妇女月经失调、痛经等症；亦可配伍当归、白芍等治疗肝郁血虚，脾失健运所导致的妇女月经不调，乳房胀痛，胁肋作痛，神疲食少等症。

（5）疏散退热　窄竹叶柴胡辛散苦泄，微寒退热，善于祛邪解表退热和疏散少阳经半表半里之邪。对于感冒发热，无论风热、风寒表证，皆可使用。本品为治疗少阳证之要药，常与黄芩同用以清半表半里之热，共收和解少阳之功，若邪在少阳，症状表现有寒热往来、胸胁苦满、口苦咽干、目眩，使用本品最为适宜。

参考文献

[1]　中国科学院中国植物志编委会. 中国植物志[M]. 北京：科学出版社，1979.
[2]　浦俊燕. 西藏窄竹叶柴胡精油的化学成分分析与抗补体活性研究[D]. 拉萨：西藏大学，2015.

[3] 丁锤，徐莹，马孝熙，等. 柴胡属5种易混药材的鉴别研究[J]. 中药材，2016，39（9）：1975–1981.

[4] 陈彦芹，鲍隆友. 西藏柴胡属植物资源及窄竹叶柴胡栽培技术[J]. 中国林副特产，2006（6）：40–41.

[5] 梁镇标，刘力，晃志. 柴胡属植物资源及生产状况调查[J]. 时珍国医国药，2012，23（8）：2011–2013.

波棱瓜

本品为葫芦科波棱瓜属植物波棱瓜*Herpetospermum pedunculosum*（Ser.）Baill.的干燥种子。秋季采收成熟果实，除去果皮取出果实，晒干。具有清热解毒，柔肝的功效。治黄疸型传染性肝炎，消化不良等症。波棱瓜的藏药名为"色吉美多"或"塞吉美多"，属于Ⅰ级濒危藏药野生物种。

一、植物特征

攀缘状草质藤本；茎枝纤细，有棱沟，被疏散的长柔毛。卷须分2叉，有微柔毛；叶柄细，有短而疏散的白色刚毛，长6～10厘米；叶片宽卵状心形或近圆形，膜质，长9～13厘米，宽8～11厘米，不分裂，边缘有小齿，两面粗糙，有柔毛和刚毛。雌雄异株。雄花：总状花序，5～10朵花，长在花序梗的上部，花序梗细，长3～9厘米，花梗丝状，无苞片，长1～15厘米，花萼筒狭钟形，长6～7毫米，径5毫米，裂片三角状卵形，长6毫米，宽2～25毫米；花冠黄色，裂片卵形，长10～12毫米，雄蕊5，花丝丝状，有柔毛，长2毫米，花药长圆形，长3毫米。雌花：单生于叶腋，花梗长约1厘米，花柱短，上部分三叉，柱头膨大，2裂，肾形，子房长圆形，密被黄褐色长柔毛，长1～12厘米。果实长圆形。种子淡灰色，长圆形，基部截形，具小尖头，顶端不明显3裂，长约12毫米，宽5毫米，厚2～3毫米。花果期7～8月。波棱瓜如图1所示。

二、资源分布概况

在西藏主要分布于波密、林芝、错那，生于海拔2600～3000米的山坡林缘。

三、生长习性

喜凉爽湿润气候和阳光充足。适宜疏松肥沃、排水良好的砂质壤土。喜湿、怕旱及高温积水，耐荫，生长温度范围10～30℃，最适宜温度为20～25℃，易引种栽培。

图1　波棱瓜

四、栽培技术

1. 选地与整地

育苗地宜选土层深厚，疏松肥沃，排水良好，较湿润的砂质壤土，要靠近水源和住宅，以便浇灌管理。选地后每亩施厩肥1000千克，饼肥100千克。深翻25厘米，耙细整平，作宽1.2米，高10厘米的高畦，畦沟宽40厘米。移栽地选择在山区种植，以土层深厚，疏松肥沃，富含腐殖质土或砂壤土为宜。若在农田栽培，需与其他作物间作，以便攀缘生长。整地后，每亩施堆肥500千克，过磷酸钙50千克，均匀撒在地面上，深翻30厘米，耙细整平，作宽1.2米，高10厘米的高畦，畦沟宽45厘米。

2. 繁殖方法

种子繁殖：多采用种子直播和育苗移栽法，直播幼苗成活率低，很少采用。

（1）种子直播　于春季清明节前后（也就是4月上、中旬）为宜。按行距30～40厘米，株距20厘米，挖穴点播，覆土3厘米左右。10～15日即可出苗。

（2）育苗移栽　在3月下旬，利用保护地进行育苗。当苗高5厘米左右，移入大田，按行距30～40厘米，株距20厘米进行定植。

3. 田间管理

（1）中耕除草　要经常中耕除草，做到田间无杂草，移栽后当幼苗开始返青时，进行松土除草，宜浅不宜深，以免伤根，一般进行3次。

（2）追肥　幼苗成活后，结合中耕除草进行追肥，进行2次，第一次在4月下旬，第二次在5月中旬，每亩每次施人粪尿1500千克。

（3）搭架　当苗高30～40厘米时，搭架以利波棱瓜攀缘生长。多用竹竿搭架，木杆也可，竹竿的长度在1.5～2.0米左右即可，杆子直立苗株附近，插杆深度15～20厘米，每行竹竿每隔半米高度拉横绳一道，将每行的竹竿都连接起来，便于波棱瓜布蔓，立竿后应及时引苗至杆架。

（4）灌、排水　栽后，遇干旱应及时浇水，使土壤保持湿润，以利成活，雨季应及时排出田间积水，避免造成死苗。

4. 病虫害及其防治

（1）霜霉病　病原为真菌中一种藻状菌，俗称"灰苗"。危害叶片。感病后叶片边缘反卷，叶色灰白，叶背产生淡紫色的霉层，蔓延枯死。

防治方法　①苗期彻底拔除病苗，并用5%石灰乳消毒病穴。②发病前或初期喷1：1：20波尔多液或乙膦铝500倍液防治。

（2）虫害　主要有地老虎、蛴螬等。危害地下根及咬伤幼苗的茎。

防治方法　可用毒饵诱杀幼虫。用黑光灯诱杀成虫或药物喷杀。

波棱瓜人工种植的大田示范如图2所示。

图2　波棱瓜人工种植大田示范

五、采收加工

1. 采种

藏东南地区9月中下旬波棱瓜果实陆续成熟，果实由青色变为淡黄褐色，顶端尚未开口或近开口时采摘。根据种子成熟情况，采用边熟边采的方法，用剪刀从果柄处剪取成熟（或近成熟）的果实，将采下的果实置通风处阴干，待晴天脱粒，脱粒后将种子晾晒至含水量10%左右，除去杂物使种子净度达95%以上，置阴凉通风处储藏。

2. 采收加工

波棱瓜的采收时间始于9月中下旬。波棱瓜果实的成熟过程较为特别，即使植株下部的果实已经成熟，上部的茎蔓还在继续开花挂果。波棱瓜果实采收期较长，如不及时采收，波棱瓜种子就会从果壳中脱落，因此在波棱瓜果实外皮颜色发黄、果实尖端发褐时就应即时采收。果皮和种子均可供药用。

波棱瓜子药材如图3所示。

图3 波棱瓜子药材

六、部颁标准

目前波棱瓜尚未被《中国药典》收录，只有1995年版的《中华人民共和国卫生部药品标准》（藏药第一册）中有相关描述，详细记录如下。

1. 药材性状

本品略呈扁长方形，长1~1.5厘米，宽4~7毫米，厚2~3毫米。表面棕褐色至黑褐色，粗糙不平，有新月状凹陷，一端有三角形突起，另端渐薄，略呈楔形，顶微凹；两侧稍平截，边缘凸起，中间有一条棱线。种皮硬，革质；种仁1粒，外为暗绿色菲薄的胚乳，内有乳白色子叶2片，富油性。气微，味苦。

2. 鉴别

本品粉末灰绿色。种皮表皮细胞表面观呈类多角形或不规则形，细胞排列紧密，内含棕色物质。种皮下皮细胞2～4列，呈类球形或近圆筒形，棕色，壁厚，木化。种皮厚壁细胞较大，形状多样，壁波状弯曲，有的呈短分枝状，有的薄厚不均，木化，具网状裂缝。星状细胞为内外种皮的通气组织，淡黄色或几乎无色，细胞不规则，分枝似星状，连结成团，界限不甚分明，壁厚，木化。石细胞为种皮厚壁细胞，形大，细胞形状不规则，长约120微米，直径23～76微米，壁波状弯曲，层纹清晰，孔沟不明显。内胚乳细胞充满小糊粉粒，子叶细胞淡黄色，含脂肪油滴及糊粉粒。色素块散在，黄棕色或红棕色，大小不一。

七、仓储运输

1. 仓储

在波棱瓜子的仓储过程中，主要注意以下几个方面：阴凉避光；温度低于20℃；仓储环境须通风、干燥；用透气的竹筐或麻袋等进行封装；严防鼠害、虫害与霉变。

2. 运输

在波棱瓜子的运输过程中，主要注意以下几个方面：产品运输工具应清洁、干燥、无异味、无污染；运输时应防潮、防雨，避免因水湿引起霉变；尽量单独运输，避免与有毒、有异味、易污染的物品混装混运，切忌与鲜活农产品混合运输。

八、药材规格等级

市场上的波棱瓜药材既有野生资源，也有栽培品种，品质良莠不齐，多以统货为主，质量以种子黑色、无霉变、粒大饱满为佳。根据其品质可将其分为三个等级。

一等品：种子饱满，成熟度高，无杂质、虫蛀、霉变。

二等品：种子较瘦小，间有一端干瘪，无杂质、虫蛀、霉变。

三等品：种子成熟度不够，果形全部干瘪或破碎，无杂质、虫蛀、霉变。

九、药用价值

《晶珠本草》记载："色吉美多清腑热、胆热，治赤巴病。"《中华藏本草》记载："色吉美多清胆热、泻肝火、解毒，治黄疸型肝炎、胆囊炎、消化不良。"现代藏医认为波棱瓜味苦，性寒，有清热解毒，柔肝的功效与作用，主要用于肝炎、胆囊炎。临床上用于治黄疸型传染性肝炎、胆囊炎、消化不良。《中国藏药》："种子治赤巴病，肝，胆病，消化不良。"《民族药志二》："种子主治黄疸型肝炎，胆囊炎，消化不良；果实主治胆囊炎。"

方一：八味西红花止血散。西红花5克，熊胆5克，豌豆花40克，降香35克，朱砂25克，波棱瓜子25克，短穗兔耳草35克，石斛35克。以上八味，除西红花、熊胆、朱砂另研细粉外，其余共研成细粉，过筛，加入西红花、熊胆、朱砂细粉串研，混匀，即得。本品为棕红色粉末；气香，味苦、微甜。有止血之功。用于"木布"破溃，胃溃疡出血，流鼻血，各种外伤和内伤引起的出血。

方二：八味獐牙菜散。藏药名：蒂达杰巴。獐牙菜300克，兔耳草200克，波棱瓜子80克，角茴香200克，榜嘎200克，小檗皮160克，岩参240克，木香200克。以上八味，粉碎成细粉，过筛，混匀，即得。本品为黄绿色粉末；气香，味苦。具有清热，消炎之功。用于胆囊炎、初期黄疸型肝炎。一次1克，一日2～3次，或午饭前及半夜各1次。

方三：大月晶丸。藏药名：达西日布。寒水石（制）150克，天竺黄15克，红花25克，草果10克，豆蔻10克，丁香10克，余甘子40克，檀香12.5克，降香20克，荜茇25克，石榴子40克，止泻木子12.5克，马钱子10克，藏木香25克，安息香10克，铁粉75克，榜嘎25克，獐牙菜20克，巴夏嘎20克，藓生马先蒿25克，甘青青兰20克，亚大黄37.5克，蒲公英37.5克，炉甘石10克，熊胆2.5克，牛黄5克，麝香5克，肉豆蔻10克，诃子50克，木香25克，波棱瓜子13克，渣驯膏40克，兔耳草20克，绿绒蒿37.5克，欧曲（制）12.5克。以上三十五味，除渣驯膏、熊胆、牛黄、麝香、欧曲分别研细粉外，其余共研成细粉，过筛，加入熊胆、牛黄、麝香、欧曲细粉，混匀，用渣驯膏细粉加适量水泛丸，阴干，即得。本品为黑色水丸，具特异香气，味苦。具有清热解毒，消食化痞之功。用于中毒症、"木布"引起的胃肠溃疡吐血或便血，清除隐热、陈旧热、波动热，消化不良，急腹痛，虫病，黄水病，痞瘤等各种合并症。

参考文献

[1] 中国科学院中国植物志编委会. 中国植物志[M]. 北京: 科学出版社, 1973.

[2] 吴征镒. 西藏植物志[M]. 北京: 科学出版社, 1985.

[3] 权红, 李春燕, 鲍隆友, 等. 藏东南地区波棱瓜人工栽培技术[J]. 西藏科技, 2009 (11): 75.

[4] 臧建成, 兰小中, 辛福梅. 人工栽培藏药波棱瓜害虫防治技术[J]. 中国园艺文摘, 2009 (10): 159.

[5] 兰小中, 关法春, 王超, 等. 播期和边缘效应对波棱瓜性别分化及产量的影响[J]. 东北农业大学学报, 2011, 42 (7): 79-82.

[6] 罗达尚. 新修晶珠本草[M]. 成都: 四川科学技术出版社, 2004.

[7] 罗达尚. 中华藏本草[M]. 北京: 民族出版社, 1997.

[8] 刘美琳, 张梅. 藏药波棱瓜子的现代研究进展[J]. 中药与临床, 2016, 7 (2): 99-102.

ren dong

忍冬

本品为忍冬科忍冬属植物毛花忍冬*Lonicera trichosantha* Bur. et Franch.、越桔忍冬*Lonicera myrtillus* Hook. f. et Thoms.、小叶忍冬*Lonicera microphylla* Willd. ex Roem. et Schult. 的成熟果实。秋末采收成熟的果实，除去杂质，阴干。味甘、性凉。以下主要介绍毛花忍冬栽培的相关技术。忍冬的藏药名为"旁玛"。

一、植物特征

落叶灌木，高达3～5米；枝水平状开展，小枝纤细，有时蜿蜒状屈曲，连同叶柄和总花梗均被疏或密的短柔毛和微腺毛或几秃净。冬芽有5～6对鳞片。叶纸质，下面绿白色，形状变化很大，通常矩圆形、卵状矩圆形或倒卵状矩圆形，较少椭圆形、圆卵形或倒卵状椭圆形，长2～6（～7）厘米，顶端钝而常具凸尖或短尖至锐尖，基部圆或阔楔形，较少截形或浅心形，两面或仅下面中脉疏生短柔伏毛或无毛，下面侧脉基部有时扩大而下沿于中脉，边有睫毛；叶柄长3～7毫米。总花梗长2～6（～12）毫米，短于叶柄，果实则超过之；苞片条状披针形，长约等于萼筒；小苞片近圆卵形，长约2毫米，为萼筒的1/2～2/3，顶端稍截形，基部多少连合；相邻两萼筒分离，长约2毫米，无毛，萼檐钟形，干膜质，长1.5～2（～4）毫米，全裂成2片，一片具2齿，另一片3齿，

图1　野生毛花忍冬

或仅一侧撕裂，萼齿三角形；凡苞片、小苞片和萼檐均疏生短柔毛及腺，稀无毛；花冠黄色，长12～15毫米，唇形，筒长约4毫米，常有浅囊，外面密被短糙伏毛和腺毛，内面喉部密生柔毛，唇瓣外面毛较稀或有时无毛，上唇裂片浅圆形，下唇矩圆形，长8～10毫米，反曲；雄蕊和花柱均短于花冠，花丝生于花冠喉部，基部有柔毛；花柱稍弯曲，长约1厘米，全被短柔毛，柱头大，盘状。果实由橙黄色转为橙红色至红色，圆形，直径6～8毫米。花期5～7月，果熟期8月。野生毛花忍冬如图1所示。

二、资源分布概况

在西藏主要分布于林芝、山南等地区，生长于山谷、灌丛、林缘等地。

三、生长习性

毛花忍冬的生活能力很强，根系十分发达。枝条萌发率也很强。可用种子繁殖，但生产上更适合用扦插繁殖。用扦插繁殖，栽培2年可见少量的花，栽培3年可开花结果，可采收果实。种子繁殖4年以上才可采收果实。

毛花忍冬对气候条件要求不高，适应能力很强。耐寒、耐热、抗旱。但在高寒高海拔地区生长发育差，产量低。毛花忍冬对土壤的适应能力也很强，土层深厚肥沃发育快、生长盛，砾石、生荒沙地也能生长，但是在种子育苗阶段选择土层深厚、疏松、肥沃、排水良好的砂壤土或壤土栽培最好。

四、栽培技术

1. 选地整地

毛花忍冬是一种耐旱的灌木，以海拔2500～3500米的田野种植最好。宜选择排水保水性能良好、地势朝南或东南方向、位置较高、土层深厚、疏松、肥沃、不积水的砂质土壤栽培。毛花忍冬不挑地，生荒地、熟地均可种植。播种前施入腐熟的圈肥、土杂肥，每亩3000～5000千克，然后深翻土30厘米左右，使肥料与底土混合均匀。在施基肥后，将土块细碎，平整好土面后做畦，畦面宽60～70厘米，畦高15～20厘米，作业道（水沟）30～40厘米。

2. 繁殖方法

毛花忍冬可以种子繁殖，也可扦插繁殖，大量生产时适合扦插繁殖。

（1）种子繁殖　一般春季用种子撒播。土壤湿润地区一般在春分前后播种，干旱地区在雨季来临之前播种。选干净的种子用30℃温水浸泡24小时，晾至半干后播种，如果土壤干燥且无灌溉条件，则种子不宜处理。播种时在已经整理好的畦上采用撒播方式直接播种，播种后覆土3～5厘米，稍压实，用种量为10.5～15千克/公顷。

（2）扦插繁殖　凡有灌水条件者，一年四季均可扦插育苗，但一般在冬天和春天扦插。一般扦插时间在4月上旬为最佳，选健壮、无病的一二年生枝条，截成长30厘米左右的插条，在生长素浸泡30分钟后可直接在已整好的畦上进行扦插，枝条扦插深度为20厘米左右，株行距按10厘米×10厘米，直埋于沟内，或只松土不挖沟，将插条插入孔内，压实按紧，芽朝上，每畦栽植约6行。待一畦或一方扦插完毕，即应及时顺沟浇水，以压实土壤，使插穗和土壤密接。水渗下后再覆薄土一层，以保墒保温。插穗埋土后上露10厘米左右为宜，以利新芽萌发。

3. 田间管理

（1）幼苗期　要加强圃地管理。根据土壤墒情，适时浇水，松土除草。幼苗发生病虫害时要及时防治。

（2）追肥　毛花忍冬是多年生药用植物，应做到一年多次施肥。研究表明，磷肥和氮肥的增产效果较好，但有机肥与无机肥配合则更好。根据毛花忍冬的发育规律，一般至少每年施两次肥料。第一次在封冻前，多用堆肥或厩肥等有机质肥料，既有助于植株防寒保暖，又可促进植株早春旺盛生长，每株可用堆肥或厩肥5千克，同化肥50～100克可混合施入；第二次在开花时期追肥，每株可施用人粪尿5～10千克或化肥50～100克。施肥方法为结合深翻松土埋入土中，也可在植株周围30～35厘米处，开环形沟，沟深15～20厘米，将肥料施入沟中，将沟用土填盖即可，施肥后及时浇水。

（3）排、灌水　一般要做到封冻前浇1次封冻暖根水，次春土地解冻后，浇1～2次润根催醒水，土壤干旱时要及时浇水。在雨季应及时排出积水，防止烂根。

（4）移栽　不管是种子繁殖或者扦插繁殖，在第2年必须进行移栽，移栽时在早春萌发前或秋冬季休眠期进行。在整好的栽植地上，按行距100厘米、株距100厘米挖穴，宽、深各30～40厘米，把足量的基肥与底土拌匀施入穴中，每穴栽壮苗1株，填细土压紧、压实，浇透定根水。

4. 病虫害及其防治

（1）病害　枯萎病6～8月常见，造成叶片和花脱落，严重的芽坏死，春天毛花忍冬发芽时出现大量枯枝或整株枯死现象。

防治方法　加强田间管理，增施有机肥，增强抗病力，及时清除病株，并将病穴用50%多菌灵500倍液灌根，清除残留的病菌。

（2）虫害　主要为蚜虫、银纹夜蛾、蚱蜢等，危害茎叶。

防治方法　蚜虫用40%乐果乳剂1500倍液每7日喷防1次，银纹夜蛾用90%敌百虫800倍液每7日喷防1次，蚱蜢用7.5%鱼藤精800倍液每7日喷防1次，连续3～4次即可杀灭。

毛花忍冬人工种植大田示范如图2所示。

图2　毛花忍冬人工种植大田示范

五、采收加工

1. 采种

毛花忍冬在第三年大部分开花结果，一般于8～9月份，果实由绿色变成紫色或红紫色且果实开始软化时可以采收，采收后的果实要通过揉搓、水漂洗、晾晒、除去杂质等方法，将种子保存于干燥、阴凉的密闭容器中待用。

2. 采收加工

作为入药使用的果实，一般于8月底至9月初，果实开始色变，但尚未完全软化时采收。将采收的药材阴干、除去杂质，置于密闭容器中保存备用。

毛花忍冬药材如图3所示。

图3　毛花忍冬药材

六、地方标准

目前藏药材忍冬在《中国药典》中尚未收录，在《西藏自治区藏药材标准》中收录了越桔忍冬、小叶忍冬的相关内容，毛花忍冬药材性状与其相似。

药材性状：本品呈皱缩的不规则球形或扁球形，直径3～6毫米，表面橘红色或暗红色。果皮柔韧，皱缩；果肉肉质，柔润。种子数枚，黄色，卵圆形至矩圆形，扁，长2～3毫米。味苦。

七、仓储运输

1. 仓储

在毛花忍冬的仓储过程中，主要注意以下几个方面：阴凉避光；温度低于20℃；空气湿度控制在40%以下；密闭保存；严防鼠害、虫害与霉变。

2. 运输

在毛花忍冬的运输过程中，主要注意以下几个方面：尽量单独运输，避免与串味或有毒性的药材一起运输，切忌与鲜活农产品混合运输；长途运输过程中务必要做好防水处理，避免因水湿引起霉变。

八、药材规格等级

市场上的毛花忍冬药材基本都是来源于野生，其药材基本为统货，不分等级。以呈红黄色干果，无霉变、无异味者为佳。

九、药用价值

《四部医典》《宇妥本草》中记载：旁玛治心脏病及妇科疾病。《中华藏本草》记载：强心，活血，调经，催乳。治心脏病，月经不调，乳汁不下。

参考文献

[1]　中国科学院中国植物志编委会. 中国植物志[M]. 北京：科学出版社，1979.

[2]　罗达尚. 中华藏本草[M]. 北京：民族出版社，1997.

[3]　宇妥云丹贡布. 四部医典[M]. 拉萨：西藏人民出版社，1982.

tian xian zi

天仙子

本品为茄科植物莨菪*Hyoscyamus niger* L.的干燥成熟种子。首载于《神农本草经》，列为下品，性味苦、辛，温；有大毒；归心、胃、肝经。天仙子服用过量可产生剧毒，中毒后使人神明迷乱，昏昏欲仙，故名天仙子。具有解痉，镇痛，平喘，安神的作用；用于治疗胃痉挛，喘咳，神经痛和癫痫等。在藏药中，天仙子则被用于驱虫、抗癌和退热，天仙子还可以治疗寄生虫引起的胃肠痛、牙痛、肺炎和肺癌及治疗疤痕组织。现代药理学研究显示其具有抗癌作用，常被用作抗癌中成药的主要原料。《医疗用毒性药品管理办法》（中华人民共和国国务院令23号）将生天仙子列为毒性中药。毒性主要源于所含的东莨菪碱和阿托品成分所致，使用不当可引起中毒。

一、植物特征

二年生草本，高达1米。根粗壮，直径2～3厘米。一年生的茎极短，自根茎发出莲座状叶丛，卵状披针形或长矩圆形，长可达30厘米，宽达10厘米，顶端锐尖，边缘有粗牙齿或羽状浅裂，主脉扁宽，侧脉5～6条直达裂片顶端，有宽而扁平的翼状叶柄，基部半抱根茎；第二年春茎伸长而分枝，下部渐木质化，茎生叶卵形或三角状卵形，顶端钝或渐尖，无叶柄而基部半抱茎或宽楔形，边缘羽状浅裂或深裂，向茎顶端的叶成浅波状，裂片多为三角形，顶端钝或锐尖，两面除生黏性腺毛外，沿叶脉并生有柔毛，长4～10厘米，宽2～6厘米。花在茎中部以下单生于叶腋，在茎上端则单生于苞状叶腋内而聚集成蝎尾式总状花序，通常偏向一侧，近无梗或仅有极短的花梗。花萼筒状钟形，生细腺毛和长柔毛，长1～1.5厘米，5浅裂，裂片大小稍不等，花后增大成坛状，基部圆形，长2～2.5厘米，直径1～1.5厘米，有10条纵肋，裂片开张，顶端针刺状；花冠钟状，长约为花萼的一倍，黄色而脉纹紫堇色；雄蕊稍伸出花冠；子房直径约3毫米。蒴果包藏于宿存萼内，长卵圆状，长约1.5厘米，直径约1.2厘米。种子近圆盘形，直径约1毫米，淡黄棕色。花果期7～9月。野生莨菪如图1所示。

图1　野生莨菪

二、资源分布概况

分布于我国华北、西北及西南，在西藏主要分布于林芝、米林、波密、隆子、洛扎、普兰，生于山坡、路旁、住宅区及河岸沙地。

三、生长习性

性喜温暖湿润气候，生长适宜的温度为20～30℃，不耐严寒，喜阳光，以土层深厚、疏松肥沃、排水良好的中性及微碱性砂质壤土栽培为宜。忌连作，不宜以西红柿等茄科植物为前作。

四、栽培技术

1. 选地与整地

育苗地宜选土层深厚，疏松肥沃，排水良好，较湿润的砂质壤土。选地后每亩施农家肥2000～3000千克。深翻25厘米，耙细整平，作宽1.2米，高15厘米的高畦，畦沟宽50厘米。移栽地选择在山区种植，以土层深厚，疏松肥沃，富含腐殖质土或砂壤土为宜，其余与育苗地同。

2. 播种方法

播种时间为4月下旬至5月下旬，每亩播种量2～3千克。撒播：将种子均匀撒入苗床，覆土以盖没种子为宜。条播：行距30～40厘米，开浅沟，将种子均匀撒入，覆土以盖没种子为宜。穴播：穴距40厘米×40厘米，每穴播种10颗左右，播后稍镇压。种子播种结束后，浇足水分。18～23℃，播后20天左右出苗。

3. 田间管理

中耕除草3～4次。中耕宜浅，中耕后追肥1次，以氮肥为主，先少后多。花果期再用2%的磷酸钙溶液根外追肥两次，可提高种子产量。

4. 病虫害及其防治

天仙子潜在的病虫害主要有青枯病、疫病、立枯病、枸杞负泥虫等。疫病发病初期开始喷洒72%克露可湿性粉剂700倍液，或69%安克，或72.2%普力克（霜霉威）水剂800倍液、1∶1∶200倍波尔多液，隔7～10日1次，连续防治2～3次。立枯病可于发病初期选用75%百菌清可湿性粉剂600倍液，或5%井冈霉素水剂1500倍液，或20%甲基立枯磷乳油1200倍液进行喷雾，施药间隔7～10日，视病情连防2～3次。枸杞负泥虫可喷洒50%抗蚜威可湿性粉剂2000倍液或与40%乐果乳油1000倍液混合喷洒。在西藏的种植试验中几乎很少有病虫害危害。

天仙子人工种植的大田示范如图2所示。

图2　天仙子人工种植大田示范

五、采收加工

1. 采收

由于天仙子是无限花序，种子通常由下而上成熟，9～10月即可采收，采收时，将植株果枝割下，并去除末梢未成熟的少量果实即可。

2. 加工

将收割后的果枝上的果实摘下，并置通风处阴干，果皮干燥后即可通过物理碾压的方式，破碎果皮，取出种子，通过风选去除果皮等杂质。

天仙子药材如图3所示。

图3 天仙子药材

六、药典标准

天仙子分别被2005年版、2010年版、2015年版、2020年版《中国药典》收录，2020年版《中国药典》的详细记录如下。

1. 药材性状

本品呈类扁肾形或扁卵形，直径约1毫米。表面棕黄色或灰黄色，有细密的网纹，略尖的一端有点状种脐。切面灰白色，油质，有胚乳，胚弯曲。气微，味微辛。

2. 鉴别

本品粉末灰褐色。种皮外表皮细胞碎片众多，表面附着黄棕色颗粒状物，表面观不规则多角形或长多角形，垂周壁波状弯曲；侧面观呈波状突起。胚乳细胞类圆形，含糊粉粒及脂肪油滴。

3. 检查

（1）总灰分　不得过8.0%。

（2）酸不溶性灰分　不得过3.0%。

七、仓储运输

1. 仓储

天仙子在仓储过程中，主要注意以下几个方面：避光保存；置通风干燥处；严防虫害与受潮发芽。

2. 运输

天仙子在运输过程中，主要注意以下几个方面：做好防护工作，运输过程中避免雨淋、受潮，引起种子发芽；长途运输过程中要保证好通风，避免种子呼吸导致运输过程中温度过高；避免与瓜果、蔬菜种子混运。

八、药材规格等级

市场上的天仙子主要以种子形式销售，也可进行打粉。多以统货为主，常以无杂质、无果皮、无虫蛀、无霉变的为合格药材。

九、药用价值

《中国植物志》记载：天仙子含莨菪碱及东莨菪碱，有镇痉镇痛之功效，可作镇咳嗽及麻醉剂。种子油可供制肥皂。

《藏药志》记载：莨菪味甘、温，有毒；治鼻疳、梅毒、头神经麻痹、皮内生虫、虫牙。配伍能驱虫。内服慎用。

方一：溃疡散胶囊。甘草313克，延胡索94克，海螵蛸47克，黄芩94克，白及47克，泽泻31克，薏苡仁47克，天仙子1.25克。以上八味，甘草用氨水（1→100）渗漉，渗漉液浓缩成稠膏。其余延胡索等七味粉碎成细粉，与上述稠膏混匀，用60%乙醇制粒，干燥，装入胶囊，制成1000粒，即得。本品为硬胶囊，内容物为棕黄色的颗粒；气香，味甜。能够理气和胃，制酸止痛。用于脾胃湿热，胃脘胀痛，胃酸过多；溃疡病，慢性胃炎见上述证候者。

方二：癣宁搽剂。土荆皮，白鲜皮，苦参，洋金花，地肤子，关黄柏，徐长卿，石榴皮，南天仙子，樟脑。以上十味，除樟脑外，其余土荆皮等九味粉碎成粗粉，混匀，用75%酸性乙醇作溶剂，浸渍后，缓缓渗漉，收集初漉液保存，继续渗漉，收集续漉液，浓缩，加入初漉液混合。取樟脑与羟苯乙酯0.5克，加乙醇溶解，与上述漉液混匀，静置，滤过，搅匀，制成1000毫升，即得。本品为棕红色的澄清液体；具特异香气。清热除湿，杀虫止痒，有较强的抗真菌作用。用于脚癣、手癣、体癣、股癣等皮肤癣症。外用，涂擦或喷于患处。一日2～3次。

参考文献

[1]　中国科学院中国植物志编委会. 中国植物志[M]. 北京：科学出版社，2004.

[2]　吴征镒. 西藏植物志：第四卷[M]. 北京：科学出版社，1987.

[3]　李军，门启鸣，刘进朋，等. 天仙子研究概况[J]. 中华中医药学刊，2012，30（3）：615–617.

[4]　郑明艳，崔凯峰，牛丽君，等. 小天仙子的开发利用及栽培技术[J]. 吉林林业技术，2005，34（1）：41–42.

[5]　中国科学院西北高原生物研究所. 藏药志[M]. 西宁：青海人民出版社，1991.

xiao　ye　lian
小叶莲

本品为小檗科植物桃儿七*Sinopodophyllum hexandrum*（Royle）Ying的干燥成熟果实，系藏族习用药材。秋季果实成熟时采摘，除去杂质，干燥。其根及根茎也可入药。味苦、微辛，性温。小叶莲的藏药名为"奥莫色"。为我国珍稀濒危中药材，国家Ⅲ级保护植物。

一、植物特征

多年生草本，植株高20~50厘米。根状茎粗短，节状，多须根；茎直立，单生，具纵棱，无毛，基部被褐色大鳞片。叶2枚，薄纸质，非盾状，基部心形，3~5深裂几达中部，裂片不裂或有时2~3小裂，裂片先端急尖或渐尖，上面无毛，背面被柔毛，边缘具粗锯齿；叶柄长10~25厘米，具纵棱，无毛。花大，单生，先叶开放，两性，整齐，粉红色；萼片6，早萎；花瓣6，倒卵形或倒卵状长圆形，长2.5~3.5厘米，宽1.5~1.8厘米，先端略呈波状；雄蕊6，长约1.5厘米，花丝较花药稍短，花药线形，纵裂，先端圆钝，药隔不延伸；雌蕊1，长约1.2厘米，子房椭圆形，1室，侧膜胎座，含多数胚珠，花柱短，柱头头状。浆果卵圆形，长4~7厘米，直径2.5~4厘米，熟时橘红色；种子卵状三角形，红褐色，无肉质假种皮。花期5~6月，果期7~9月。野生桃儿七如图1所示。

图1 野生桃儿七

二、资源分布概况

在西藏主要分布于工布江达县、波密县、贡觉县、类乌齐县、察隅县、林芝县、米林县、嘉黎县、朗县、丁青县、墨竹工卡县、墨脱县、隆子县、吉隆县、错那县等地。为喜阴植物，生长于海拔2700～4300米的阴山坡林下或灌丛下较湿润环境中。

三、生长习性

桃儿七是一种喜阴植物，喜生于阴山坡林下或灌丛下较湿润环境中，怕强光，人工栽培最好在林间空地或与果树、玉米套种。性喜湿润，喜肥喜水，适宜在疏松肥沃、富含腐殖质的砂质壤土上栽种。根状茎较耐寒，在藏东南山区小气候下可以安全过冬。

四、栽培技术

1. 选地整地

由于桃儿七为林下生长的植物，切忌强光直射、干旱，育苗地应选取果园林间空地及林区疏林处地势平坦、排水良好的砂质壤土。一般采用保护地，根据播种面积，事先建造塑料大棚备用。在2月中旬要对育苗地进行翻耕，深度为30～35厘米为宜，翻地过程中捡净杂草和石块，然后作畦，通常采用高畦，畦高5～10厘米，宽1～1.2米，长2～3米。西藏东南部地区土壤均适宜桃儿七人工栽培的条件要求。播种前10～15日，用1%的代森锌喷洒地表，然后用地膜覆盖7天，揭开地膜晾晒，待药味散尽后即可播种。

2. 繁殖方法

（1）种子繁殖

①采种、选种及贮藏：采种前要确定适宜的采种期，太早种子成熟度较低，过迟果实脱离植株；通常在8月下旬至9月上旬为最佳时期。采集后的果实要及时去除果皮与果肉，防止腐烂变质（去除果肉的方法是用清水揉搓、漂洗、过滤），然后阴干种子；选种时用风车去除空瘪及粉尘，贮藏备用。

②种子沙藏：桃儿七种皮坚硬，为保证出苗率，通常需要采用层积法进行沙藏处理。层积法可在室外挖坑或室内堆积进行，必须保持一定的湿度（60%～70%）和0～10℃

的低温条件。如种子数量多，可在室外选择适当的地点挖坑，其位置在地下水位之上。坑的大小，根据种子多少而定。先在坑底铺一层10～20厘米厚的湿沙，随后堆放40～50厘米厚的混沙种子（沙∶种子＝3∶1），种子上面再铺放一层20厘米厚的湿沙，最上面覆盖10厘米的土，以防止沙干燥。沙藏周期约180天（采种当年的9月底至10月初进行沙藏处理，第二年的3月底或4月初即可播种育苗）。

③种子育苗：将沙藏的种子取出，去净泥沙，然后用1%的高锰酸钾溶液浸泡种子，浸泡时间约30分钟，沥出用清水冲洗干净备用。土壤消毒和种子处理后，应及时进行播种，由于桃儿七种子较大，可采用撒播或条播两种方法。条播：在育苗地开沟宽5～10厘米，深约5厘米，将种子均匀撒入沟内，覆土3～5厘米即可；撒播：将育苗地整好后，将种子均匀撒入苗床，然后覆土3～5厘米。种子播种结束后，浇足水分，盖上草帘以利保湿。种子萌发前要保持苗床的湿度在60%左右，出苗时间主要受当地温度影响，通常为30～40天。

（2）分根繁殖　春、秋两季均可进行，将根挖出掰开，每根必须带有1～2个根芽，及时栽种，穴间距30厘米，穴深15厘米，每穴1根，覆土5厘米压实，如已出芽，栽时将芽露出地表，栽后浇水，出苗率可达95%以上。

3. 田间管理

（1）苗期管理　播种后至移栽前，要及时清除苗床杂草，确保苗床清洁；根据当地降雨量确定浇水频度，以确保苗床湿度在70%左右为标准，实时排灌。待幼苗长出第一片真叶时，用事先沤好的猪粪水进行催苗，保证苗肥苗壮，待苗长出3～4片真叶时，即可移栽到大田。

（2）移栽与分株　由于桃儿七是阴生植物，无论是幼苗移栽还是分株栽植都需要有遮阴，因此，我们采用了桃儿七–玉米套种模式，模拟桃儿七的阴生环境，以满足桃儿七正常生长发育的需要。模式如图2所示。

①移栽：由于幼苗移栽一般在6月上旬进行，因此，按照桃儿七–玉米模式化栽培的要求，需在

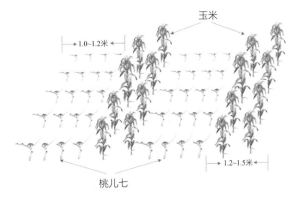

图2　桃儿七–玉米模式化栽培示意图

事先种植好玉米的田间进行（玉米种植5月初进行）。玉米种植时按照正常的株行距即可（株距30～40厘米，行距40厘米），为了便于耕作，两行玉米所占的宽度控制在1.2～1.5米以内；桃儿七的幼苗移栽时，按照株距30厘米的标准栽植即可，苗床宽度控制在1.0～1.2米以内。移栽后浇足定根水。

②分株：栽培模式同幼苗移栽，将分株好的幼苗按照株距30厘米的标准栽植即可，苗床宽度控制在1.0～1.2米以内。栽植后浇足定根水。

（3）田间管理　移栽15～20天后植株长出新叶，这时要及时施肥，为确保药材的天然特性，一般使用有机肥为好，有机肥最好用沤制好的猪粪尿，一年内施肥两次即可。日常要定期进行中耕除草及病虫害的防治。

4. 病虫害及其防治

（1）病害　主要为叶斑病，病原菌是真菌半知菌亚门，球壳孢目，壳二孢属，桃儿七壳二孢。危害叶片，茎部和果实几乎不受危害。发病症状：病斑圆形或卵圆形，直径1～13毫米。叶片上初生赤色小斑点，以后发展呈圆形，中间淡褐色或灰白色，边缘紫红色，具不明显同心轮纹。病斑背面灰褐色，叶脉深褐色，凹陷，病部后期部分破裂穿孔。上面着生小黑点，即分生孢子器，分生孢子器在寄主组织内，部分露出。严重时一片叶上病斑多达几十个。病部形成病斑，产生分生孢子，靠雨水进行再侵染。天气温暖、潮湿或田间过度密植易发病，氮肥过多，植株长势弱，抗病力差，发病重。

防治方法　①实行轮作。病区与非寄主植物实行2～3年轮作。②清洁田园。及时清除病株残叶以减少菌源。适度密植，保持田园通风透光，及时排水，避免偏施氮肥。③药剂防治。发病初期喷洒65%代森锌可湿性粉剂1000倍液；50%多菌灵可湿性粉剂500倍液；或75%百菌清可湿性粉剂500～600倍液，每隔7～10日防治1次，连续2～3次，效果较好。

（2）虫害　主要为蚜虫。在桃儿七的生长季节内蚜虫危害随时可能会发生，尤其是在干旱的季节（6～8月）的叶片，使叶片变黄和脱落。

防治方法　出现蚜虫时，一般用40%氧化乐果乳剂，可有效防治。

（3）鼠害　主要为中华鼢鼠，俗称"瞎瞎"。中华鼢鼠除啃食肉质根茎以外，还在畦内钻洞拱土，常常将整畦的药材毁掉。

防治方法　一般采取人工捕杀的方法进行防除，每年进行2～3次。

桃儿七人工种植的大田示范如图3所示。

图3　桃儿七人工种植大田示范

五、采收加工

1. 采种

　　通过幼苗移栽方式的药材，3～4年即可开花结实；通过分根繁殖的药材，2～3年即可开花结实。通常在8月下旬至9月上旬为最佳采种时期。采收的种子要及时去果肉、漂洗、阴干，密闭保存备用。桃儿七种子寿命为2～3年，3年后种子活力下降，因此，要及时播种，确保种子活力与发芽率。

2. 采收加工

　　（1）采收根茎　培育3～5年，秋季地上部分枯萎后，挖出根部，洗净泥土，晒至7～8成干，再阴干。

　　（2）采收果实　在藏药的用药中，常以桃儿七的干燥果实或种子入药。幼苗生长3年即可挂果，秋季待果实由绿色变黄色再变红色时方可采收。果实采收后要及时去除果皮，用清水冲洗种子，洗净果肉，晾晒至种子含水量≤12%时，收入密闭容器保存备用。

小叶莲药材如图4所示。

图4　小叶莲药材

六、药典标准

小叶莲在2005年版、2010年版、2015年版、2020年版的《中国药典》中均有收录，详细记录如下。

1. 药材性状

本品呈椭圆形或近球形，多压扁，长3～5.5厘米，直径2～4厘米。表面紫红色或紫褐色，皱缩，有的可见露出的种子。顶端稍尖，果梗黄棕色，多脱落。果皮与果肉粘连成薄片，易碎，内具多数种子。种子近卵形，长约4毫米；表面红紫色，具细皱纹，一端有小突起；质硬；种仁白色，有油性。气微，味酸甜、涩；种子味苦。

2. 鉴别

本品粉末暗红色。种皮表皮细胞橙红色至深红色，断面观长方形或类方形，壁厚，常与种皮薄壁细胞相连。果皮表皮细胞淡黄色，表面观多角形，直径10～40微米。果皮下皮细胞淡黄棕色，表面观类多角形，直径20～70微米。导管主为螺纹导管。胚乳细胞呈类多角形，胞腔内含糊粉粒及脂肪油滴。

3. 检查

（1）水分　不得过11.0%。

（2）总灰分　不得过6.0%。

七、仓储运输

1. 仓储

在小叶莲的仓储过程中，主要注意以下几个方面：阴凉避光；温度低于20℃；空气湿度控制在40%以下；密闭保存；严防鼠害、虫害与霉变。

2. 运输

在小叶莲的运输过程中，主要注意以下几个方面：尽量单独运输，避免与串味或有毒性的药材一起运输，切忌与鲜活农产品混合运输；长途运输过程中务必要做好防水处理，避免因水湿引起霉变。

八、药材规格等级

市场上的小叶莲多来自于野生资源，品质良莠不齐，多以统货为主。藏药常以种子入药，其商品要求为：以无杂质、无虫蛀、籽粒饱满、暗红色者为佳。

九、药用价值

《中国植物志》记载：桃儿七根茎、须根、果实均可入药。根茎能除风湿、利气血、通筋、止咳；果能生津益胃、健脾理气、止咳化痰，对麻木、月经不调等症均有疗效。《证验论》记载："性平，调经，和血，解毒，消肿。"《西藏常用中草药》记载："和血，止血，解毒，消肿，主治腰腿疼痛，咳嗽，心胃痛，跌打损伤。"

常用配方：小叶莲、长春七各3克，太白米4.5克，石耳子、枇杷玉6克，朱砂七、香樟木9克，木香2.4克。水煎，早晚服。治各种心胃痛。(《陕西草药》)

参考文献

[1] 中国科学院中国植物志编委会. 中国植物志[M]. 北京：科学出版社，2001.

[2] 何建清，陈芝兰，张格杰. 桃儿七叶斑病及其防治[J]. 植物保护，2003（4）：59.

[3] 何建清，陈芝兰. 桃儿七的经济价值及栽培技术[J]. 中国农村科技，2003（7）：12.

[4] 张丽，张娇，白玮，等. 桃儿七质量标准研究[J]. 中南药学，2017，15（7）：951–955.

[5] 鲍隆友，杨小林，刘玉军. 西藏野生桃儿七生物学特性及人工栽培技术研究[J]. 中国林副特产，2004（4）：1–2.

[6] 赵纪峰，刘翔，王昌华，等. 珍稀濒危药用植物桃儿七的资源调查[J]. 中国中药杂志，2011，36（10）：1255–1260.

打箭菊
da jian ju

本品为菊科植物川西小黄菊*Pyrethrum tatsienense*（Bur. et Franch.）Ling的干燥花序。具有散瘀、止痛、敛"黄水"的功效，藏族医药经典《月王药诊》和《四部医典》中均有记载，藏族医学临床主要用于治疗脑震荡、"黄水"病、瘟疫病、太阳穴痛、跌打损伤、湿热疮疡等病症。

一、植物特征

多年生草本，高7～25厘米。茎单生或少数茎成簇生，不分枝，有弯曲的长单毛，上部及接头状花序处的毛稠密。基生叶椭圆形或长椭圆形，长1.5～7厘米，宽1～2.5厘米，二回羽状分裂。一二回全部全裂。一回侧裂片5～15对。二回为掌状或掌式羽状分裂。末回侧裂片线形，宽0.5～0.8毫米。叶柄长1～3厘米。茎叶少数，直立贴茎，与基生叶同形并等样分裂，无柄。全部叶绿色，有稀疏的长单毛或几无毛。头状花序单生茎顶。总苞直径1～2厘米。总苞片约4层。外层线状披针形，长约6毫米；中、内层长披针形至宽线形，长7～8毫米。外层基部和中外层中脉有稀疏的长单毛，或全部苞片灰色，被稠密弯曲的长单毛。全部苞片边缘黑褐色或褐色膜质。舌状花橘黄色或微带橘红色。舌片线形或宽线形，长达2厘米，顶端3齿裂。瘦果长约3毫米，具5~8条椭圆形突起的纵肋。冠状冠毛长0.1毫米，分裂至基部。花果期7~9月。野生川西小黄菊如图1所示。

图1　野生川西小黄菊

二、资源分布概况

分布于青海西南部、四川西南部及西北部、云南西北部及西藏东部。生于海拔3500~5200米高山草甸、灌丛或杜鹃灌丛或山坡砾石地。

三、生长习性

为短日植物，在短日照下能提早开花。喜阳光，忌荫蔽，通风透光是高产的重要因素之一。较耐旱，怕涝。喜温暖湿润气候，但亦能耐寒。植株在0~10℃能生长，并能忍受霜冻，但最适生长温度为20~25℃。花能经受微霜，而不致受害，花期能忍耐-4℃的低温。降霜后地上部停止生长。根茎能在地下越冬，能忍受-10℃的低温。但幼苗生长和孕蕾期需较高的气温，若气温过低，植株发育不良，影响开花。以中性偏碱富含有机质的砂壤土最为适宜。忌重茬。

四、栽培技术

1. 选地和整地

对土壤要求不严，一般排水良好的农田均可栽培。但以地势高爽、排水畅通、土壤有机质含量较高的壤土、砂壤土、黏壤土种植为好。播种前每亩施入充分腐熟的厩肥2000~3000千克，并加磷酸二铵20千克作基肥，耕翻20厘米深，使肥料与底土混合均匀。在施基肥后，将土块打碎，整平，耙细，顺坡向作宽1.0~1.2米，高10~15厘米的高畦，沟宽20厘米。排水好的坡地可作平畦。

2. 播种

川西小黄菊播种时间为4月下旬至5月上旬。由于种子小而轻，播种前可按照种子：腐殖土=1：5的质量比进行拌种，然后将拌匀的种子均匀撒播在苗床上，每平方米用种量5~6克（约20 000粒种子）。种子播种结束后，首先在苗床上铺撒2~3厘米厚的腐殖土，然后用喷灌的方式浇足水分，并保持土壤湿润，出苗前维持土壤含水量在70%左右，20~30天出苗。

3. 田间管理

（1）中耕除草 川西小黄菊是浅根性植物，出苗前和出苗后都应及时拔出苗床杂草，每次除草后要及时浇水，以防根系受伤害。

（2）间苗 为确保幼苗健壮，当幼苗长出2~3片真叶时，进行间苗，按照"去弱留强、除病留健"的原则，每平方米保留2000~2200株幼苗。

（3）移栽 待幼苗长至5~6片真叶时，即可移栽，在事先整理好的大田中按照株距15~20厘米，行距25~30厘米的密度进行移栽，移栽后及时浇足定根水。

（4）水肥管理 川西小黄菊对肥水要求较高，但要遵循"淡肥勤施、量少次多、营养齐全"的肥水原则。一般情况下水分不宜过多。除施基肥外，在菊苗正常生长时，10日左右施一次淡肥水，营养生长季，施肥次数可增加，肥料浓度亦可加大，当花蕾形成时应施含磷肥料，施肥应于傍晚进行，第二天清早再浇一次水，以保证根部正常呼吸。在菊花生长前期要经常松土除草。不使土壤板结，以利根系发育。孕蕾期一定要保证充足的水分。

4. 病虫害及其防治

（1）病害 常见病害有褐斑病、黑斑病、白粉病和根腐病等，均属真菌类，皆因土壤湿度太大，排水和通风透光不良所致。主要改善生态环境予以预防。

防治方法 常用1：80福尔马林液消毒，生长期可用80%的可湿性代森锌液或50%的可湿性托布津液喷治。

（2）虫害 主要有蚜虫、红蜘蛛、尺蠖、菊虎（菊天牛）、蛴螬、潜叶蛾幼虫、蚱蜢及蜗牛等。

防治方法 可分别通过加强栽培管理、人工捕杀和喷药进行防治。

川西小黄菊人工种植的大田示范如图2所示。

图2　川西小黄菊人工种植大田示范

五、采收加工

1. 采种

　　人工栽培的打箭菊，通常在栽培的第二年5～6月开花，7～8月种子成熟。待种子成熟后，直接将其总状花序摘下，并曝晒2～3天，使其含水量降至12%以下，即可收入密闭容器中阴凉、干燥保存。

2. 采收加工

　　花含苞待放时或初开时采集花序，除去枝叶，晾干。

　　打箭菊药材如图3所示。

六、部颁标准

　　目前打箭菊尚未被《中国药典》收录，只有1995年版的《中华人民

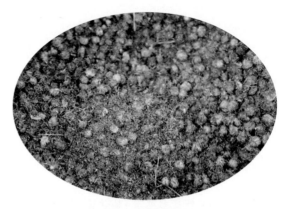

图3　打箭菊药材

共和国卫生部药品标准》（藏药第一册）中有相关描述，详细记录如下。

1. 药材性状

本品皱缩成团，直径约10毫米。总苞半球形，苞片多数，3～4层，条状披针形，外层背面密被白色长柔毛。可见花序梗存留，具纵棱，密被白色丝光毛，脱落呈紫色。舌状花一层，舌片多皱缩，展开后长约13毫米，上面橘黄色，背面橘红色，先端3浅齿裂；管状花深棕黄色，两性；雄蕊5，聚药，雌蕊1，柱头2裂，画笔头状，黄棕色，子房下位，无冠毛。体轻，质软。气香，味微苦。

2. 鉴别

本品粉末棕黄色。花粉粒多见，圆球形，直径24～28（～31）微米，棕黄色，具3个萌发孔；萌发沟明显，外壁边缘具刺。花粉囊内壁细胞多见，呈椭圆形或长椭圆形，具点状、条状或螺旋状增厚的壁。非腺毛众多，弯曲，柄部细胞3～6个，扭转或不扭转，内含黄棕色物质。苞片的下表皮细胞呈多角形，壁薄，气孔不定式，副卫细胞3～4个。腺毛生于花冠外表面，腺头由2～8个细胞组成，柄部细胞2个，极短。

七、仓储运输

1. 仓储

在打箭菊的仓储过程中，主要注意以下几个方面：阴凉避光；温度不宜太高；干燥；密闭保存；严防鼠害、虫害与霉变。

2. 运输

在打箭菊的运输过程中，主要注意以下几个方面：尽量单独运输，避免与串味或有毒性的药材一起运输，切忌与鲜活农产品混合运输；长途运输过程中务必要做好防水处理，避免因水湿引起霉变。

八、药材规格等级

市场上的打箭菊多来自于野生资源，各地品质良莠不齐，多以统货为主，根据其品质可将打箭菊分为四个等级。

特级品：胎菊（干货）。指每年6月前，川西小黄菊尚未完全开放时采摘的含苞待放的花蕾，花蕾大小在6～8毫米左右。无枝叶、杂质、虫蛀、霉变。

一等品：干货。花朵大、瓣密、肥厚、不露心、黄色，气清香，味甘微苦。无散朵、枝叶、杂质、虫蛀、霉变。

二等品：干货。花朵中个，淡黄色。气芳香，味甘微苦。无散朵、枝叶、杂质、虫蛀、霉变。

三等品：干货。花朵小，色黄或泛白。偶有散朵，有5～6毫米的花柄。无杂质、虫蛀、霉变。

九、药用价值

《中华本草》（藏药卷）记载：打箭菊具有活血散瘀，祛风除湿，消炎止痛的功效。主治脑震荡，"黄水病"，瘟疫热，跌打损伤和湿热疮疡。《四部医典》记载："治头痛、干黄水。"《度母本草》记载："治瘟疫。"《新编藏医学》记载："用于跌打损伤。"

方一（六味川西小黄菊汤）：打箭菊、甘肃蚤缀、诃子、秦艽、哇夏嘎、洪连各10克。共研成粗粉。治肺炎、咯血及胸痛。一次2～3克，一日2～3次，煎汤服。

方二（二十一味英雄丸）：大戟、蒿茹、亚大黄、蔓乌头、莪大夏、狼毒、硫黄、白硇砂、方海、麝香、安息香、红花、牛黄、菖蒲、羌活、打箭菊、石灰华、丁香、诃子、洪连、胎盘粉各等量。共研粉为丸，如梧桐子大。治化脓性扁桃体炎、"亚马"病、黄水病及炎性疼痛；一次9～21粒，一日2次。

方三（三十一味沉香散）：黑沉香、红沉香、白沉香、木香、无茎荠各30克，肉豆蔻12克，石灰华12克，丁香13克，红花12克，草果12克，豆蔻12克，诃子12克，毛诃子12克，余甘子12克，藏木香3克，悬钩子茎30克，勒哲30克，蒂达12克，洪连15克，山柰30克，哇夏嘎12克，安息香30克，麝香3克，马钱子（炒）30克，广枣12克，木棉花蕾30克，打箭菊15克，石榴子15克，白檀香15克，紫檀香15克，条叶垂头菊15克。共研细粉。治高血压、动脉粥样硬化、"心热"症、风热，风湿性心脏病、肺病、胃病等。一次1～2克，一日2次，早饭前、晚饭后，温开水冲服。

参考文献

[1] 张亚梅，杜小浪，钟国跃. 藏族药打箭菊的研究进展[J]. 中国实验方剂学杂志，2015，21（19）：222–224.

[2] 郭巧生. 药用植物栽培学[M]. 北京：高等教育出版社，2009.

[3] 青海省药品检验所，青海省藏医药研究所. 中国藏药：第一卷[M]. 上海：上海科学技术出版社，1990.

[4] 国家中医药管理局《中华本草》编委会. 中华本草：藏药卷[M]. 上海：上海科学技术出版社，2002.

附录
禁限用农药名录

《农药管理条例》规定，农药生产应取得农药登记证和生产许可证，农药经营应取得经营许可证，农药使用应按照标签规定的使用范围、安全间隔期用药，不得超范围用药。剧毒、高毒农药不得用于防治卫生害虫，不得用于蔬菜、瓜果、茶叶、菌类、中草药材的生产，不得用于水生植物的病虫害防治。

一、禁止（停止）使用的农药（46种）

六六六、滴滴涕、毒杀芬、二溴氯丙烷、杀虫脒、二溴乙烷、除草醚、艾氏剂、狄氏剂、汞制剂、砷类、铅类、敌枯双、氟乙酰胺、甘氟、毒鼠强、氟乙酸钠、毒鼠硅、甲胺磷、对硫磷、甲基对硫磷、久效磷、磷胺、苯线磷、地虫硫磷、甲基硫环磷、磷化钙、磷化镁、磷化锌、硫线磷、蝇毒磷、治螟磷、特丁硫磷、氯磺隆、胺苯磺隆、甲磺隆、福美胂、福美甲胂、三氯杀螨醇、林丹、硫丹、溴甲烷、氟虫胺、杀扑磷、百草枯、2,4-滴丁酯。

注：氟虫胺自2020年1月1日起禁止使用。百草枯可溶胶剂自2020年9月26日起禁止使用。2,4-滴丁酯自2023年1月29日起禁止使用。溴甲烷可用于"检疫熏蒸处理"。杀扑磷已无制剂登记。

二、在部分范围禁止使用的农药（20种）

通用名	禁止使用范围
甲拌磷、甲基异柳磷、克百威、水胺硫磷、氧乐果、灭多威、涕灭威、灭线磷	禁止在蔬菜、瓜果、茶叶、菌类、中草药材上使用，禁止用于防治卫生害虫，禁止用于水生植物的病虫害防治
甲拌磷、甲基异柳磷、克百威	禁止在甘蔗作物上使用
内吸磷、硫环磷、氯唑磷	禁止在蔬菜、瓜果、茶叶、中草药材上使用
乙酰甲胺磷、丁硫克百威、乐果	禁止在蔬菜、瓜果、茶叶、菌类和中草药材上使用
毒死蜱、三唑磷	禁止在蔬菜上使用
丁酰肼（比久）	禁止在花生上使用

通用名	禁止使用范围
氰戊菊酯	禁止在茶叶上使用
氟虫腈	禁止在所有农作物上使用（玉米等部分旱田种子包衣除外）
氟苯虫酰胺	禁止在水稻上使用

农业农村部农药管理司

二〇一九年